U0142146

最實用

# 圖解

## 網路行銷術

0基礎，不出門就能賺錢的

行銷顧問講師
謝芝穎、蔡建郎、葛彥麟、許維淵 著

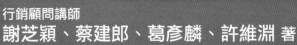

書泉出版社 印行

# 作者群序

**隨** 著時代變遷及網路資訊飛快發展下，到處充滿商機的世界，讓交易行銷無遠弗屆。人們不必花費太多成本，就可透過各種社群網路平台來達到行銷目的，所謂的「指尖上資訊」已成為市場主流，而媒體行銷是傳播訊息必要的曝光方式，通路也不勝枚舉。鎖定目標客戶、建立企業粉絲團、維持消費者忠誠度，用社團、粉絲團來網羅理念相同的消費者成為忠誠顧客，是至關重要的。

2020年因疫情影響，讓人們再度重視起「宅經濟」的網路行銷模式，若你也想透過網路行銷來銷售，為你的企業帶來營收增長或為自己帶來更多的收入。本書四位講師將會提到網路行銷最新趨勢、網路社群行銷規劃執行、以及網路買賣法令安全解析等內容，全方位考量產品力、平台力、業務力及管理力，傳授網路電商必備技能，讓您學會分析產品市場定位及賣點、低成本高效益的關鍵字操作及訂單成交轉化祕訣，有系統地帶領您學會關鍵技巧，精準打通台灣市場或是為邁入全球市場做鋪陳。

謝芝穎（FB芝妮雅）

**謝芝穎（FB 芝妮雅）**

樺研創意國際有限公司總經理，輔仁大學大眾傳播學研究所碩士，長期深耕經營國際大藥廠會議展覽活動相關廣告業務，以及公民營機關企業等品牌經營操作等20年資歷。同時擔任勞動力發展署企業人力提升計畫之企業內訓顧問暨講師、以及新北職訓中心課程辦訓認證講師暨職業輔導。曾服務過客戶有輝瑞國際大藥廠、台灣拜耳、田邊製藥、友華生技、默沙東藥廠、施維雅藥廠、寶齡富錦、東宇生化、愛派司生技、總統府、台北市政府交通局、文化局、工業局等知名企業。目前專職講師於廣告行銷、會議展覽、網路行銷、議題操作、活動規劃以及業務銷售等領域。深獲各科大院校、公協會單位、企業主及在職培訓人員一致好評。

**在**　看這本書以前，要先告知大家這句話：「數位行銷生態，是要不斷學習、改變，進步。所謂的適者生存，不適者淘汰。」

　　我們是一群在行銷領域至少十年以上資歷的行銷人，我們見證了這十幾年來數位行銷的快速變化，現在人口流量都在數位的年代，大家都想要透過數位行銷來賺錢與曝光，數位行銷也成為現金討紅利唯一的方式，但是數位的領域千變萬化，需要一直保持不斷學習與更新的心態，才不會被這個市場淘汰，但數位行銷的方法與工具繁雜，到底要如何做才對，就由我們把多年在市場征戰的經驗分享給正在看這本書的你。

許維淵（Mark）

**許維淵（Mark）**

曾任樂酷數位有限公司商務經理、台灣順豐速運股份有限公司市場銷售、中國系統整合有限公司策略經理、華唯國際數位行銷策略副理、NOWnews新聞網行銷主任、蕃薯藤入口網站電商Product Manager，深耕品牌整合行銷、兩岸電商與媒體等10年資歷。同時擔任新北職訓認證、進出口公會、大專院校、各大中小企業品牌經營及行銷整合內訓講師。曾合作過品牌有三星、SONY、日立、夏普、國際牌、媚登峰、MIT認證標章等知名企業與中小企業品牌單位。專長為跨境電商、媒體、品牌經營及行銷策略整合等。

**最** 近幾年網路購物蓬勃發展，電商市場愈來愈競爭，很多人覺得電子商務市場已經飽和，其實不然，原本已在經營電商的純電商，逐漸轉向以優質內容為導向的電商，玩法上也更多元，並加強數位廣告的投資力道，台灣人在網路上的購物習慣也逐漸養成。在這股趨勢下，原本只做傳統實體零售商，也在這個大趨勢之下，開始接受網路銷售的新思維，學習如何整合實體的通路及線上通路，也同時造就國內各整體電商平台的蓬勃發展，這類的電商平台操作簡單，大大的降低在網路銷售的困難度，整合金流與物流，造就了許多微型創業及上班族利用下班時間做電商、賺外快的好機會，但也因為進入門檻低，競爭者眾多，想賺到錢，還是得努力學習，而這本書正好提供電商操作的基本知識與實務，讓不懂電商的你，也可以快速上手，打造屬於你的被動式銷售！

蔡建郎（Alan）

**蔡建郎（Alan）**

現任意碩整合行銷公司總經理，擅長跨境電商全網營銷及SEO優化。8年阿里巴巴國際站及3年美國亞馬遜平台營運，創立電子記憶體公司，並自創品牌 eFOX 行銷全球，獲得「2019台北新貿獎—金牌獎」及「阿里巴巴台灣十大網商—新創特別獎」。曾任職台灣麥當勞行銷部10年，熟悉品牌行銷及媒體公關操作；也擔任經濟部中小企業處及勞動部數位轉型諮詢顧問及講師。

**打**算從事網路拍賣或電商交易（以下簡稱網電）的帥哥美女們，一開始往往都會把重心放置在商品企劃、經營、平台挑選、社群行銷等相關事項，卻往往忽略掉「現行法律」是怎麼規範的。而「現行法律」，就好比是網電叢林世界的遊戲規則，不懂它，你絕對沒有辦法在這個遊戲中勝出。就好比一個擅長三分線的神射手，縱使技術再神準，百發百中，一旦不懂籃球規則，很快就會被裁判吹哨出局。因此，在網電世界中，法律就像一個「防疫口罩」，戴上它，就能確保自身的安全。

綜上，為了讓大家能游刃有餘的行走在網電的江湖世界，作者蒐羅了大多數網電交易可能遇到的問題，提供各位參考。

葛彥麟（Mars）

**葛彥麟（Mars）**

現任：
葛彥麟律師事務所主持律師、新北市中大型社區法律顧問、民意代表法律顧問、新北市政府職業訓練中心委聘講師（講授勞動法令、性別平等、電商法律等）
曾任：
法官助理、上市公司法務主管、國會法案研究
專長：
財產犯罪、公司事件、公寓大廈管理事件、勞資糾紛、婚姻繼承事件、車禍暨一般民刑事案件處理

# 目錄

作者群序            iii

## 第1章　商品企劃與網購經營・觀念篇     001

1-1　如何選擇適合的網路購物平台・平台銷售方式與分析...........003

1-2　選品企劃・業績成長一萬倍要如何規劃...........009

1-3　設計商品的策略流程 5W2H 及產品特色思考...........013

1-4　賣場商品規劃建議...........015

1-5　神來一筆的店名發想...........017

1-6　消費者購物行為與商品策略架構七步驟...........019

1-7　教你品牌定位五步驟...........024

1-8　行銷 4P 四大要點...........025

1-9　進階・教你評估衡量定價...........026

1-10　給賣家營商的五項建議...........027

## 第2章　電商配合的常見問題・平台與定價     029

2-1　操作電商的常見問題：人力...........030

2-2　操作電商的常見問題：平台溝通...........034

2-3　商品查價與追蹤...........036

2-4　價格敏感不是問題...........039

2-5　主動建立比較，不要等著被比較...........040

2-6　贈品不要標價格...........041

## 第3章　產品上架電商平台・實操準備篇     043

3-1　電商平台的銷售思維...........044

3-2　電商平台的行銷理論..........045

3-3　產品高曝光的操作..........046

3-4　什麼是關鍵字..........047

3-5　優質產品關鍵詞的定義..........048

3-6　高點擊及高轉化的產品圖片..........054

3-7　爆款產品的標題撰寫..........059

3-8　優質標題的關鍵因素..........061

3-9　打造獨特性的產品標題..........062

3-10　設置優質商品的標題重點..........063

3-11　如何設置產品標題..........064

3-12　打動消費者產品內容的詳細描述..........065


**第4章　線上文字客服的行銷溝通・技巧篇　　067**

4-1　線上八種網購買家心理・不可不知的銷售心理學..........068

4-2　線上文字客服的語言規範..........072

4-3　五大口頭禪・別誤踩地雷..........073

4-4　電商客戶服務的四大重點..........074


**第5章　如何下網路廣告曝光商品・策略篇　　075**

5-1　一定要了解網路行銷演進，才能下對平台廣告..........076

5-2　網路行銷演進..........077

5-3　線上平台操作・流量在哪，就往哪下預算..........084

5-4　BT行為定向廣告 ..........085

5-5　傳統口碑與洗腦式行銷的比較..........087

5-6　操作新聞議題・固定撰寫結構..........088

5-7　內容長久吸引的理論..........091

5-8　內容和產品致勝的關鍵..........092

5-9　在廣告內容基本上會動用到的幾種工具..........094

5-10　社群論壇操作..........097


**第6章**　社群經營行銷與活動設計　　　　　　　　　　099

6-1　活動設計 5W 發想・節慶議題搭配運用..........100

6-2　各社群內容比例「442 原則」經營..........102

6-3　商品口碑的基礎建立 ..........104


**第7章**　最夯的微影片製作・
　　　　　如何在5分鐘內學會短片製作　　　　　　105

7-1　剪輯影片的前置作業..........107

7-2　剪輯影片與經營的七大重點..........109

7-3　影片三大特質亮點..........111


**第8章**　直播操作・基礎入門路徑　　　　　　　　　113

8-1　直播前準備：第一階段..........114

8-2　直播前廣宣：第二階段..........117

8-3　直播中要有創意：第三階段..........118

8-4　直播後回放：第四階段..........120


**第9章**　網電法律大哉問・一次搞懂　　　　　　　　121

9-1　商品選購..........124

9-2　行銷方式..........126

9-3　交易糾紛..........127

9-4　重要觀念提醒：妨害名譽..........129

# 第 1 章
# 商品企劃與網購經營・觀念篇

1-1　如何選擇適合的網路購物平台・平台銷售方式與分析

1-2　選品企劃・業績成長一萬倍要如何規劃

1-3　設計商品的策略 5W2H 及產品特色思考

1-4　賣場商品規劃建議

1-5　神來一筆的店名發想

1-6　消費者購物行為與商品策略架構七步驟

1-7　教你品牌定位五步驟

1-8　行銷 4P 四大要點

1-9　進階・教你評估衡量定價

1-10　給賣家營商的五項建議

據調查，台灣網購人口平均月花2.7萬元在線上作購買動作。而資料顯示，消費者會使用行動裝置購物已達到63%，因購買管道增加，消費者的消費時間跟地點均不受限制，這在行動購物消費者分析上，有很大的幫助，且消費者採用行動購物也大都傾向於中小額消費形式，可能是對於目前發展的行動購物安全上有疑慮。而行動購物大多針對年輕族群，此一族群消費方式大多是想要大於需要，也就是俗稱的「衝動型消費」，這是年輕世代非常常見的現象。

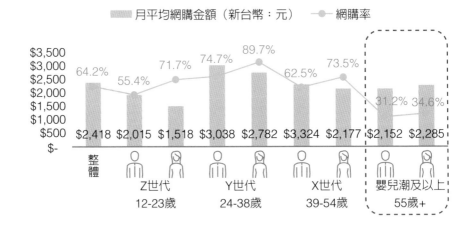

圖1-1　族群網購力表現

而透過聚集許多人參與的社群媒體，像我們最常見的「部落格」、「Facebook」、「Instagram」、「LINE」等，是大眾族群最喜歡瀏覽觀看的平台，這些社群媒體讓有共同興趣、目標的人們聚集在一起討論、溝通、互相交流，且內容都環繞同一個主題；像粉絲專頁很有名的icook（愛料理），專門提供介紹簡單料理方式，這對於行動購物的消費者族群來說，也是一種評估方式，用來最後達成消費的一種保障。

開網店就有如一場長程賽跑，中間會遇到各種關卡跟障礙，每個店家都需要花些時間和耐心，秉持著「先做好，再做大」觀念；

別只顧著自己想做的、想賣的，卻沒有花時間好好和顧客對話，以及多了解一些網店營商知識與技巧，就輕率放棄，是非常可惜的。

# 如何選擇適合的網路購物平台・平台銷售方式與分析

目前常見的網購平台類型分三種：拍賣、商城、購物中心。

## 拍賣 C to C

目前較常見的幾個平台，例如：蝦皮、yahoo拍賣、露天拍賣，都是較屬於個人賣家的類型，適合無公司或組織的個人賣家上架銷售，也因交易手續費低，所以可以增加商品的銷售利潤，但因拍賣的呈現樣貌較雜亂，也比較不適合要走高端品牌的高級賣家，較適合賣雜貨的賣家。

## 商城 B to C

如yahoo超級商城，屬於每年固定需要交開店年費，因從上架、店鋪設計、活動行銷、客服，都由賣家自己管理，所以每筆銷售手續費為商品售價的5~8%之間，就如同實體的商場一樣，一個廣場有許多家店進駐，但每間店各自獨立管理經營。

## 購物中心 B to C

如同momo購物或生活市集商品，是由供應商供貨給平台，但因是由平台操作，進駐條件困難，要由平台有興趣的商品才有可能上架銷售合作，由平台去主導一切的商品活動策略、會員行銷操作、主要活動設計、客服等，所以相對之下，平台抽成較高，平均為25～45%，依照品類定義。

網路購買平台因為針對消費群眾不同，針對B to B和B to C來說「Facebook臉書粉絲專頁」、「Instagram」是最好的方式；但若針對會員經濟，也就是要創造或集中屬於自己的VIP客群，使用「LINE@」、「微信」、「Facebook臉書社團」的效果最佳。現在也流行利用LINE群組來達到銷售的目的及管道，即俗稱

的「團媽」。除了以上介紹的社區型社群媒體以外，部落格經營也不可或缺，例如：「痞客邦」、「批踢踢實業坊」、「Pinterest」、「Dcard」等，這些都是非常推薦用來經營消費性論壇，如圖1-2。

圖1-2　可以在哪裡賣商品

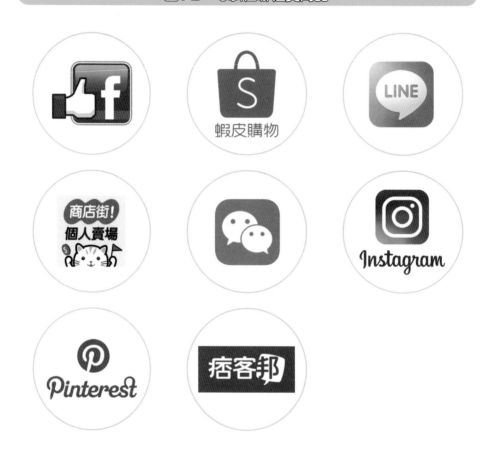

　　網路消費平台流量大宗還是在「Facebook臉書」，也是因為它的廣告導向做得非常好，所以很多企業主都透過它成立「Facebook臉書粉絲專頁」來經營販售產品；如果公司產品的主要族群是針對年輕族群，那「Instagram」就會非常適合，因為使用此一社群媒體的受眾，大多介於12到25歲之間，況且

「Instagram」以圖像影音為主，用戶數成長非常快速；而「Facebook臉書」的受眾集中於26到50歲，且呈現方式開始偏向文字為主，影音為輔或以直播作為和消費者溝通的主要方式。

　　總而言之，若要成立平台來達到網路銷售經營目的，「Facebook臉書」、「Instagram」是必須的，畢竟它們還是台灣目前網媒流量的大宗，只是企業主還是要根據平台使用習慣、思考邏輯後，明確定位你的TA（Target Audience）產品受眾，再來討論經營策略，否則極有可能導致失敗，如圖1-3。

| 成長比較 | FB趨緩／IG持續成長 |
| --- | --- |
| 使用人數 | 20億 vs. 7億 |
| 關鍵差異 | 習慣與思考邏輯 |
| 經營重點 | 明確定位 |
| 品牌／商家 | 先找到TA，再談經營策略 |

　　除了自媒體以外，還有一種可以再擴大的銷售平台，在國內主要入口網站，例如：在「Yahoo奇摩」投放廣告來增加產品曝光率；若你的商品是針對C2C的銷售方式，就可在消費者常用的消費性平台經營，例如：「蝦皮拍賣」、「露天拍賣」、「奇摩拍賣」等，這是台灣常見的拍賣平台；其他還有適合B2B2C的商城，例如：「樂天市場」、「PChome購物中心」、「momo購物網」、「東森購物」、「Yahoo購物中心」、「生活市集」等，都可以達到商品曝光，增加能見度，提高銷售量。

圖1-3　擴大銷售平台1

B2B2C 平台

## 購 物 流 程

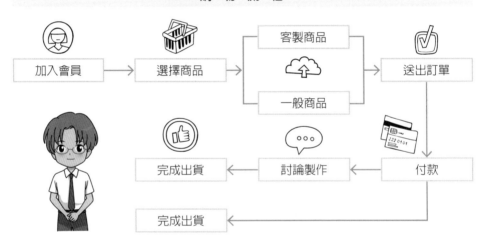

PChome 14天入帳，蝦皮7天

官方說法：曝光多、手續費5%、15天鑑賞期、保障一假賠二（買到假貨退二倍）、黑貓
　　　　　物流退貨服務。

## 圖1-4 擴大銷收平台 2

**C2C 平台**

**旋轉拍賣台灣用戶**

70%

**女生最會賣**

1. 她的時尚　4. 名牌精品
2. 美妝保養　5. 運動休閒
3. 3C

60%用戶
24～45歲

30%

**男生最會賣**

1. 3C　　　　4. 他的時尚
2. 他的時尚　5. 玩具
3. 運動休閒

　　若就服務品質來說，Yahoo奇摩在台灣發展歷史悠久，它們的行動裝置發展優勢重點是有比較完整的使用者介面設計體驗，所以陸續針對不同的受眾又推出「Yahoo奇摩商城」、「Yahoo奇摩購物中心」，即使後來陸續出現其他競爭者，它依然是台灣數一數二的入口網站，就流量及消費者使用習慣而言，依舊不可小覷。

　　而線上交易，常常會提到的三模式二平台，所謂「三模式」是指「B2B」、「C2C」、「B2C」這三種；「二平台」是參與電商平台，需要繳基本年費或月費，只要負責商品上架，由平台業者來管理，並且無須擔心曝光流量的購物平台，例如：各大拍賣網站、商城等；另一種就是自架官網，也就是企業主、品牌商自行開拓虛擬通路，將消費者導流到自家網站作販售，這種自行架站，一般來說，可以根據你的需求來決定官網金流、物流的開通於否，以及架站業者都會提供套版給商家作前台簡單的編排和設計，甚至也有更近一步的RFD響應式設計、SEO關鍵字流量優化參考，例如：「UNIQLO」、「東京著衣」、「86小舖」，都是自架官網成功的案例。

## 圖1-5 線上交易三模式、二平台

| | | |
|---|---|---|
| 三模式 | B2B | 企業與企業之間，以電子商務方式進行原料採購交易或商品批發，例如：阿里巴巴 |
| | C2C | 消費者與消費者之間透過網路交易平台，如：y拍、蝦皮拍、ebay、露拍 |
| | B2C | 企業透過電子商務、販售商品給消費者、例如：網路零售 |
| 二平台 | 電商平台 | 上游進貨再透過商品販售給消費者，如：PChome、博客來 |
| | 自架官網 | 生產者或品牌廠商自行開拓虛擬通路，自架官網或開店平台，例如：：UNIQLO、UNT，開店平台提供套版網站給店家 |

### 參考案例

原本先從網拍經營到後來自架官網開店賣服飾的【東京著衣】
https://reurl.cc/4mN7b3

賣美妝保養品的【86小舖】
https://reurl.cc/n0Yjld

以搞笑漫畫起家的ALT粉絲頁轉型到電商經營
https://reurl.cc/7oVvE5

## 1-2 選品企劃・業績成長一萬倍要如何規劃

　　在網購經營上，針對商品組成及商品來源，需要先作企劃後實施，例如：商品對於美的定義是什麼，若你的商品可以透過感官刺激喚起共鳴，透過觸動消費者的「情緒共鳴」，來達到心靈寄託的「人、事、時、地、物」，這樣商品就符合美的定義。一般來說，大部分對於商品皆是強調視覺化來作為第一步體驗，所以視覺化的占比就相對非常高，接著才是「聽覺」、「味覺」、「觸覺」、「嗅覺」，還有「感覺」。

引用網路YouTube 蘋果新聞網，2020年6月11日，https://goo.gl/c7doW3 產品案例

　　而影響消費者購物的因素主要為以下兩點：第一種「情感DNA」，也就是用道德牽動人心，引發欲望，達到消費的目的；第二種「多巴胺」及「鏡射神經」，這兩種分別是人腦分泌的化學成分及人腦神經的一種，當大腦在了解產品後，達到感同身受的鏡射神經元，在大腦醞釀投射後，反映出消費者對商品了解的喜悅，達到消費的主要目的。

引用網路YouTube台灣啤酒，2020年6月11日，https://reurl.cc/5lEz5M

　　所以在思考商品設定時，需要朝向此商品可以對消費者能帶來什麼價值，例如：全自動包水餃機的研發，就是來自於發明者喜歡吃水餃，但不擅長包、且覺得麻煩，因為此一動機、感受、及想吃的欲望，所以做了研發創新，最終發明了全自動包水餃機。打進了有同樣困擾及需求的市場。

　　然而消費者的感同身受是建立在一連串的幻覺引起，不管是追求快樂喜悅或遠離痛苦埋怨，這都是促進消費者引發購物的一種動力，也是廣告心理學中常提到的一種心態反映，消費者先會理性分析需求，後又以非理性成交，最後用理性勸服自己購物的合理性；例如：現在消費者在尋找商品時，都會透過產品評價、口碑等作理性分析，分析是否真實需要，但之後可能為因為其中一個產品介紹文案，或一個時機、感覺達到了，讓消費者不理性的覺得想要買就對了，但不一定是真實需要，在非理性的情況下加入購物車並購買成功，接著再說服自己商品還是有用，即使現在用不到，未來還是會使用到，所以現在不用多想。

### 圖1-6　客戶購買的真實情況

理性分析　　非理性成交　　用理性勸服自己

## 圖1-7　消費，是一連串的幻覺

**追求快樂喜悅**

**逃離痛苦埋怨**

　　在這段期間，消費者通常只想著兩件事，其一就是消費過程中維持著愉悅的心情，其二就是針對產品的疑問，在購物平台上，是否得到專業且滿意的答覆，只要能達到以上兩點，促進消費者在平台上成交的機率便會提高許多。而商品企劃就是利用廣告心理學來布局，設計文案、規劃產品文案內容，目的在於解決問題，滿足消費者所需，之後才去思考商品強調的面向，究竟是產品機能、造型、材料，還是專利技術。

### 吶喊吧！釋放你的能量

引用網路YouTube鄭宇辰提供，2020年6月11日，https://reurl.cc/GVlOEv

所以建議先從自身資源思考，例如：我能創造什麼商品，我能取得什麼商品來做販售，可先從自己熟悉且擅長的商品開始發想；甚至是人脈、工作經驗、參加社團、常看的書、都有可能是商品點子的啓發來源。貼近市場地用心感受生活，走入人群地去設身處地，都會帶來更多創新想法。

圖1-8　客戶只想要這兩件事

氛圍
愉悦的感覺

專業
問題的解決

　　總而言之，跟著消費者的需求去發現市場，接著鎖定客群去開發或針對此批貨一客群新產品。先找到市場需求再開發商品，會比先找到市場更容易成功，因為大部分的人都不懂得要如何找到商品及要批什麼貨來作販售，但這是有方法的，只要找到對的商品，就已經成功一半。

圖1-9　跟著客戶的需求走

發現市場需求 → 指定客層 → 開發／批貨新產品

這是商家一定要採用的策略。

何謂 5W2H 呢？這是針對潛在客戶進行分析的一種模式；

| Who【誰】 | 構思目標客戶族群，詳細規劃針對潛在客群的特徵，例如：描述客群的年齡、性別、職業、年收入、教育程度、個人興趣，甚至是居住地等等，還要思考商品的目標客群規模有多大，是否有大到足以獲利。 |
|---|---|
| What【什麼】 | 他們的需求是什麼？我們可用產品的話題來引起客戶的需求，就像以上提到的，是否引起購買的欲望、產生快樂的腦內啡，引發鏡像神經元的喜悅。 |
| Why【為什麼】 | 試著想像並且訪問目標顧客，商品本身有無特殊價值能夠滿足他們的需求，並思考為什麼消費者會購買你的商品，他們購買的程序又是如何，這都是需要商家去思考的策略清單。 |
| Where【何處】 | 是指目標客群的開發市場位於何處，目標客戶是否橫跨多個地區、產業，甚至是國家，這都是需要去思考並加到產品企劃當中，這也包括何時是此族群購買的高峰期，高峰位於哪個時間段，例如：特殊時間點、節日、季節，甚至是整個年度，都可能因為商品此時此刻符合市場需求而提高產品銷售量。 |
| When【何時】 | 目標客戶何時出現？思考季節、節慶、早晚等需求。 |
| How【如何】 | 客戶們容易接觸嗎？或該如何接觸你的目標族群，可以透過哪些方式找到他們，最佳方式有哪些，與這些客戶溝通應該透過什麼樣的管道，例如：實體店面、線上購物平台、直播影片、文字或圖片介紹等等，來了解目標客群喜歡的接觸方式。 |
| How much【多少錢】 | 商家需要思考目標客群願意花多少錢來購買產品及服務，在扣除成本後，是否還有利潤可言？這些都是我們需要去思考商品企劃的策略清單。 |

## ★產品特色思考

　　思考你的商品特色或服務優勢在哪裡，是否夠獨特，商品對顧客的好感度能維持多久，接著同行競爭商品及我們自己經營的替代品，也都在考慮的範圍內；再來，優勢的主要消費族群是哪些，是否還有待開發的消費族群？有哪些？有多少？包括競爭者的消費族群，我們要去思考，以及替代品的消費族群也要納進來；接著是喜愛我們商品特色的主要消費族群特徵是什麼。

　　通常建議產品特色思考的方向，可以先從商品本身基礎上開始編排企劃，例如：我今天賣的是食物，就可以從食材安全、製程嚴謹、訂購方便、產品卡路里、產品的氛圍可否營造幸福感等方向去做發想，針對主要消費族群，從他們的角度出發，去設定他們對產品會思考的問題及面向，例如：食安問題的危機意識、吃了會不會發胖、食品中的營養成分如何等等。還有，主要消費族群的人格特徵，例如：半夜上網不睡覺的夜貓族、三餐老是在外的外食族，以及有習慣健身房運動的健身人士，將這些特徵一一列舉出來，會更有利於我們聚焦找到主要消費族群。

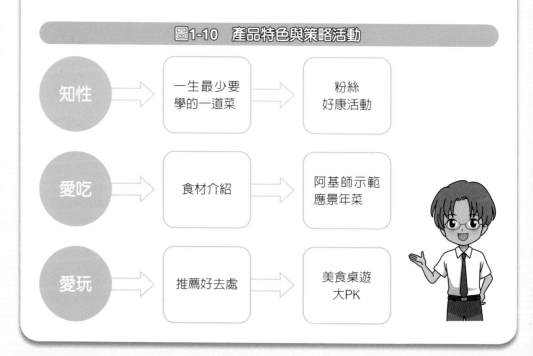

**圖1-10　產品特色與策略活動**

| 知性 | → | 一生最少要學的一道菜 | → | 粉絲好康活動 |
| 愛吃 | → | 食材介紹 | → | 阿基師示範應景年菜 |
| 愛玩 | → | 推薦好去處 | → | 美食桌遊大PK |

# 1-4 賣場商品規劃建議

図1-11 人潮即錢潮

當商品企劃已有基本架構後，接著要選擇屬於你的電商賣場要透過哪種平台建立，適合的方向在哪呢？重點，「人潮在哪，店就開在哪」，開店做生意最最重要的成功關鍵就是「地點」；若是實體店面，就必須掌握商圈地點的優勢；相對的，開設電商賣場也是一樣，有流量表示有人潮，有人潮才會有錢潮；所以在選擇平台也是以人潮流量為第一考量因素。

前文已經提到台灣各大不同屬性的電商平台，可以根據自身需求進駐商城、商店街或拍賣等，進駐門檻不一的電商平台。

總而言之，找到正確的賣場，持續不斷的深耕，才是最重要的經營力。

| 圖1-12　賣場商品規劃 | |
|---|---|
| 主要商品 | 如：衣服（廣告型商品／正流行） |
| 次要商品 | 如：包包、鞋 |
| 輔助商品 | 如：腰帶、飾品、保養皮革乳 |
| 話題性商品 | 雖獲利不好，但先吸引人潮進來（正流行的商品） |
| 賣場氛圍要素 | ・品牌企業識別系統（CIS）形象牆頁面<br>・色彩配置<br>・標示與販促看板廣告<br>・促銷活動及賣場整體布置 |

上圖請參考案例【截圖自網路PChome商城】
https://reurl.cc/MdzxVk

圖1-13 取個簡短有力的店名

為自己網店取一個好記的店名
順口、好記、聽過不會忘

# 五南圖書

如果路邊實體店家需要一個響亮的招牌，那開設網路電商平台是否也需要呢？是的，基本上，身店的取名祕訣就是輕鬆好記，聽了過耳不忘又能順口說出，是最好不過的，店名的發想最好能與商家的經營理念、商品特色、品牌形象等有關，好的店名在消費者回購或導購時方便回想及搜尋。因為網路銷售的客戶需要時間累積，取了一個好名字，間接就能提高回購率，這是不能錯過的銷售關鍵利器。

店名取名有以下幾個盲點建議：

其一，店名不可過長並避免使用錯別字機率高的字，容易導致搜尋失敗。

其二，菜市場名字也不建議，過於雷同的名字，消費者想找到你，就有如大海撈針，搞不清楚哪個才是你的店名，就容易放棄搜尋而導致回購率降低。

所以，取個好聽容易記的名字是很重要的。

引用提供者Slow，2020年6月11日，https://reurl.cc/Kkvv0e

恭喜你找到彩蛋了，請立即掃描下載Google 2021商機預測洞察報告書，讓你選品更有力，營商無限～
https://bit.ly/2ThSy5B

# 1-6 消費者購物行為與商品策略架構七步驟

整個購物流程在消費者層面，會產生以下五個階段：

圖1-14　消費者購物模式

引起注意 ➡ 吸引興趣 ➡ 搜尋資料 ➡ 消費行動 ➡ 分享經驗

若消費者行為改變為先「搜尋」，九成的消費者使用網路蒐集資訊，同時認為網路是：

1.最容易比較價格。

2.最容易使用。

3.最常使用。

4.能得到相當多的資訊。

早期消費者的購買流程所對應行銷溝通流程為AIDAS（Awareness / Attention-Interest-Desire-Action-Satisfaction），網路行銷興盛後，經調查研究發現消費者會在有趣的話題上（Interest），去研究、搜尋（Search），且還會直接分享給朋友（Share），讓你的顧客成為你的業務，也就是幫你分享轉介紹的一種行為模式，故當我們都顧及到消費者購買後的心情時，多強調互動行銷的重要，與品牌產生連結，最後購買和分享。顧客就會成為你實實在在的忠誠粉絲。所以透過消費者購買商品後，在網路上創造的口碑效應，遠比普通廣告來得有更大的收穫。

## 商品策略架構七步驟

**策略一** 找到屬於你的商品定位

　　例如：稀有性、客製化限量版商品，包含目前很流行的代購、名牌Outlet，找到定位後，就容易吸引同樣喜好的消費者，達到成功消費的目的，因為有吸引力，所以容易培養成忠實顧客，提高回購率，生意自然能夠細水長流。網路上之所以需要特殊定位，是因為實體店面只要店面所在位置不差，就算是大眾化產品，也能有不錯的利潤，但網路上銷售就必須另闢蹊徑，找出商品特色、在實體店面中不容易找到的商品，也許是客製化的工藝品或商品，吃的、穿的、用的，都可以用客製化去找出商品特色，作為限量商品來販售，例如：口金包、金魚包在網路銷售就得到極大的迴響；再如：有面膜廠商，將面膜包裝從一般看到的片裝，加入設計感變成馬卡龍的包裝，打入預定的主要顧客市場，得到的回饋也不容小看。也有商家主打環保響應，將食衣住行用得到的商品都用環保材質「紙」來製作，達到他們的訴求，也呼應他們針對的商品客群，以上這些都是商品定位成功的例子。現今連「服務」都是一種商品定位的模式，例如：時尚顧問是現在流行的新興職業，可以請潮人來幫你推薦時尚穿搭，符合你的穿著需求等等。

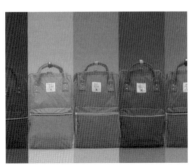

引用《遠見雜誌》文章，2020年6月11日

引用Fersonal男性穿搭服務FB網站，2020年6月11日

**策略二** 商品價格定位

　　網路銷售不像實體店面有人事、水電、店租的考量，所以只要找到好的貨源，能得到的利潤也是不差，但是價格定位上必須要比實體店面略低一些，因為消費者在網路上消費，比價一定是第一要務，所以務必切記，價格須在合理的範圍內達到應有的利潤，才是最重要的，千萬不能有暴利的想法；只要價錢合理，就會有消費者前來購買商品，進而成為你的長期忠實客戶。總而言之，產品價格需要以整體市場及消費者對自家商品的需求度來作為評估的主要考量依據。（往下閱讀，有進階教你如何提升定價策略。）

**策略三** 網購商店產品豐富化

　　在商品定位及價格範圍都已決定後，就可以開始經營網店，不論是透過平台或自架官網，都必須要把握進貨原則，例如：產品多樣性、維持產品新穎度、精緻平台商品，因為每個消費者都會希望自己看到的網店商品琳瑯滿目，能夠多方面地達到自己購物的需求；反之，網店的商品數量少到寥寥可數，會讓消費者質疑網店經營的積極性，就好比你走進一家實體店面，但陳列架上空空如也一般；所以產品的多樣性及網頁呈現效果做得好，就是吸引消費者點進你的網店消費的最佳方式。

**策略四** 產品詳細介紹

　　好的產品搭配上詳細的產品說明，那可說是如虎添翼；若你的產品介紹簡單，尤其是需要專業度的生活3C電子商品，若是簡單幾句帶過，就會顯得專業度不足，消費者就容易對產品產生疑慮，對平台的品牌印象就會大打折扣；因為一份好的產品介紹能夠體現品牌對消費者的尊重，對產品的認知及專業就能大大提升，不僅是吸引內行的行家來做購買，對於不太懂但有興趣的消費者也解除產品疑慮，讓消費者感興趣，進而下訂單購買，才是一份成功的產品介紹。

**策略五** 為產品辦活動

　　各大平台都有屬於它們的優惠活動或週年慶等等，自架平台則可以自己建立屬於自己的優惠活動，例如：會員日打折之類的。如何挑選推薦商品呢？在店裡最有特色的商品、在市場價格最具競爭力，這樣的商品不僅容易提高銷售量，並且作為敲門磚吸引消費者到你的網店裡，就會連帶帶動網店內其他商品的銷售量，也就是藉由一支商品來帶動網店其他優惠組合商品，達到提高營業額的功效。

**策略六** 善用各大社群平台曝光

　　準備高解析度精美產品圖及吸引人的詳細產品文字文案，到與產品相關的各大論壇、社團、部落格等平台貼文，甚至是以策略聯盟合作的方式尋求產品曝光；也能將產品設計貼圖作為分享宣傳的一種方式。網店已開，產品上架，但沒有流量，沒有成交訂單，這種問題常會發生，所以到各平台貼文，便是商家主動出擊的最好方式。而針對不允許廣告貼文的論壇，則改用簽名檔搭配貼圖的方式，長期且持續地在論壇留言，達到產品或品牌的曝光效果。

**策略七** 隨時 ONLINE，隨時保持上線

　　因為網店是24小時都隨時有消費者瀏覽，無法像實體店面有固定的開店時間，而且因為無法即時看到實體商品，所以必須保持線上即時解答消費者對品牌或商品的疑慮；透過廣告心理學，在客服方面，會建議從買家發問問題，深入挖掘思考買家真正想問的問題，不只是直接回答買家所問，而是再深入一層，讓買

家有品牌或商品的歸屬感或安全感；例如：消費者想買爆米花，所以提問吃爆米花會胖嗎？實際上不直接回應會胖或不會胖，而是更深一層的專業回答這種爆米花營養價值高，在早上或中午前食用，有飽足感且熱量容易消耗不易囤積，同時攝取營養、滿足你的口腹之慾，這樣的回答既滿足了消費者的問題，更提升了他對產品的信賴。對於一開始對商品不熟悉，也不知道該如何回覆消費者疑問時，可參考蒐集同行的客服留言訊息，來了解消費者常有的疑問，進而改善自己的客服內容，導入自己的服務項目；還有在留言板上因價格、服務或產品說明不足，導致交易不成功的消費者，都是我們可以再行銷的潛在對象。

## 總結操作：行銷路徑四部曲

**01 引起注意**

透過行銷，散播品牌訊息，像議題操作、試用文和官網，讓顧客一定能查到產品優勢

**02 創造連結**

顧客了解訊息後，以粉絲團、網路票選活動，和他們互動，建立關係

**03 完成訂單**

把網友變成購買者，像是連結網購平台，或用EDM（電子郵件）發優惠券，鼓勵消費

**04 維持關係**

顧客購買後，可以請他們加入專屬社群，提供更多服務和優惠，創造回購

## 1-7　教你品牌定位五步驟

### 一、賣多少：定價策略

在銷售商品以前，要先思考賣多少，這樣的售價是不是與市場符合，否則盲目的定價卻不被大眾消費市場認同，就會變成一種自HIGh。

### 二、賣給誰：目標對象

想好定價方式後，就須要思考賣的對象是否有能力買得起這樣售價的商品。

### 三、在哪賣：通路策略

每個通路都有它經營的專屬族群，所以確認價格與銷售的對象後，就必須要謹慎的篩選符合對象的專屬銷售通路，才有可能將你的商品正確地推給有機會購買你商品的族群消費者。

### 四、如何賣：商品企劃

在銷售商品的時候，一定要準備好自己商品的文宣，實體稱為文宣，電商就會稱商品EDM（電子郵件行銷），尤其在網路銷售的模式上，消費者無法聽你當面的解說，所以EDM的說明如何簡單明瞭地把各項特色讓消費者知道，會變得非常重要，這部分也等於是消費者對你商品的認識，設計質感與內容文案都需要非常吸引人。

### 五、完售以後：客戶服務

要讓消費者會再回購，不只商品的品質必須良好以外，後續的客戶服務也非常重要，這影響到了消費者的好感度，要有好的服務，才能讓顧客買安心，不斷會繼續回購，這也是為何各大品牌一直會把客服與售後服務的品質不斷提升的原因。

## 產品

# Production

包括商品多樣化、品質、設計、特性、名稱、包裝、規格、服務、保證

## 價格

# Price

包含定價、折扣、在制定商品定價時，要考慮商品的市場定位在哪裡，一旦確定了市場定位、市場顧客群的特性，就已決定了產品價格的高低，而在進行定價時，必須考量到商品的成本、競爭對手的商品與價格，以及顧客對此商品的價格與期望值

## 通路

# Place

行銷通路是由介於廠商與顧客間的單位所構成，通路運作的任務就是在適當的時間，把適當的商品送到適當的通路，並以適合的陳列，將商品呈現在顧客面前，吸引顧客對商品的注目與好感

## 促銷

# Promotion

在蒐尋便利、資訊透明的時代，商品的促銷會變得重要，如何利用推銷來促動消費者，就必須用各種優勢的促銷方法。促銷的方法非常多，主要的有廣告、銷售推廣、人員推銷、公開宣傳等。品牌為了滿足顧客，利用各種行銷活動讓顧客對商品產生興趣，增加購買欲望

第一章　商品企劃與網購經營‧觀念篇

很多品牌經理在定價自己商品時，時常會因為考量到後續的隱形成本，而導致利潤不夠，無法與各種通路或代理經銷合作。尤其對品牌的未來銷售計畫，是要與銷售通路合作，而不是自己對消費者，更需要把獲利的空間拉大，才會有足夠的利潤給銷售通路抽成，所以下表列出該如何定價。切記！下面的毛利結構是最低標準，實際成本計算還是要精算經營所支出的成本。

| 項目別 | 價格 | 售價百分比 | 說　　明 |
|---|---|---|---|
| 開發成本 | 30 | 30% | 商品開發的直接固定成本 |
| 銷售成本 | 60 | 60% | 除開發成本外，需有的變動成本與合理獲利，如人力管銷、時間成本 |
| 活動優惠價 | 80 | 80% | 需保留部分通路促銷優惠空間，合理約15～20% |
| 正常售價 | 100 | 100 % | 在無促銷的情況下，商品的末端售價售價＝銷售成本＋通路成本（人力，品牌，房租等等） |
| 陳列定價 | 130 | 130% | 定價影響商品價值感，重點在於如何說明：商品價值＝定價 |

# 1-10 給賣家營商的五項建議

## 一、一定要即時回覆買家留言

即時效率會讓有意購買的消費者安心,因為網路購物在付款取貨前,消費者是看不到也摸不著真實的商品,所以一定是從客服的說明中去了解、感受究竟合不合適購買。

## 二、多去逛逛其他同業賣場

所謂知己知彼,百戰百勝,調整接下來的賣場經營方針,看看想要購買同一件商品的消費者,為何會跟其他同行購買,看看同行是否用活動或特價來吸引消費者並成功,如何在電商中得到極高評價,這些都可以用於思考自己在經營電商尚有哪些不足之處,有哪些是我們在經營上可以跟進或做得更好的。

## 三、經常舉辦商品優惠活動

利用活動吸引消費者注意力並製造人氣,提高平台流量。

舉辦優惠活動,吸引消費者製造人氣獲得好評,確實能得到不錯的效應,但現在的消費者眼睛是雪亮的,明眼人一眼就看得出來你目前經營的品牌市場地位,若稍有不慎,就有可能一落千丈,所以再次強調商家務必珍惜自己的信用,生意如同做人一般,唯有誠信經營,才能立足於不敗之地。

## 四、電商與實體商店一樣

信用與商譽都是經營中最重要的,唯有誠信才能立足,信用一旦受損,不是短期內能夠恢復。

## 五、新商品推陳出新

即使生意不佳也要定期推出新商品,可藉此機會搭配活動,順便將庫存一併銷售出去,讓資金能不停流動,帶來滾滾利潤。電商商品更新,搭配商品特價活

動促進囤貨商品盡快賣出，讓金流能順利快速流動，這樣對於平台營運才能穩定成長，網店更新商品就好比實體店面更換貨架，更換後會讓人有耳目一新的感覺，不至於死氣沉沉，若真沒有新商品可以上架，也可將原有的商品文案做更新，加入新的文字編排或美編設計，能夠更多更快的吸引消費者的注意力。

## 結語

你的電商網店設計得再漂亮，產品文案的說明介紹及價錢做得再好、再優惠，若不去推廣來提高知名度，這樣的網店還是失敗的，因為它並沒有達到經營的實際成果，所以如何提高網店流量，甚至可以吸引消費者注目，成為你的真實買家，進一步成為你的VIP客戶，這是非常重要的，步步扎實，銷售量與利潤就能加速提升。

# 第 2 章
# 電商配合的常見問題・平台與定價

2-1　操作電商的常見問題：人力

2-2　操作電商的常見問題：平台溝通

2-3　商品查價與追蹤

2-4　價格敏感不是問題

2-5　主動建立比較，不要等著被比較

2-6　贈品不要標價格

# 2-1 操作電商常見問題：人力

　　本節說明不管是在平台端，還是供應商端，大部分廠商都會面臨的人力實作問題，也提出經驗上的建議作法。

## 一、上架

### 常見問題

　　一個商品平均上架時間為10分鐘，若您有30個商品，就要花5個小時在商品上架，做10個通路就要花50個小時。

### 建議方法

　　以目前台灣市場來說，大大小小的電商平台針對不同商品屬性篩選也至少有20～30個電商平台適合營運上架，但如果每個都要上架，可能要消耗非常多的時間，且績效未必會顯現，但其實每個商品都有可能會在不同的通路上成為爆款的機會，如果沒有都嘗試看看，是無法知道結論的，所以在此建議以下的方式：

　　只挑選手上的主力商品上架在各個通路平台，如果連你覺得是主力的商品在某些平台上都沒有績效，也代表著其他你認為與主力商品有點差距的品項，更不可能產生出業績。

| 上　　架 |
| --- |

每個平台都需要去後台上架，都有標題、特色、圖文、價格設定等等各項的需求需要編輯，每個商品上架都會消耗不少時間上傳（圖片轉載自蝦皮購物後台）。

## 二、企劃

### 常見問題

　　各個電商平台幾乎都有每週小活動、每月優惠活動、節慶大活動，每個活動都要提報，其實也是跟上架一樣，會消耗非常多的時間。

### 建議方法

　　依照電商平台來說，每月的活動與節慶大活動，是電商平台投注大量資源在流量上的時機，所以我們都會建議以電商的月主題與節慶主題活動提報為主，比較有機會爭取好的曝光，相對的在大活動的時候，大多在提品的過程也會遇到大品牌來爭奪活動版位的情況，尤其在活動提報的選擇，都是由與你對接的合作窗口來決定，如果你不是爆款熱門的商品，提供給平台抽成的毛利也不高，對窗口來說，也就缺乏需要拿你的商品做活動曝光的吸引力，最常遇到廠商的狀況就是吝嗇給平台的毛利，所以在初期建議可以大方的給平台毛利，好讓商品有機會上在活動版位，曝光銷售的機會。

因購物平台的商品眾多，想要商品有能見度，就需要能顯眼的曝光，引起消費者的注意，要不斷的想出商品活動提案給平台進行曝光，才有機會能夠銷售，與各平台溝通活動的內容也是需要消耗很多時間的一個環節。

## 三、倉儲

### 常見問題

　　貨物管理、盤點、包裝、出貨，訂單來了就必須要做出貨的動作，要思考空間問題、包裝的問題，甚至初期開始，沒有經驗，不會包裝商品，尤其商品在經過物流運送的過程會晃動，也有可能造成貨物到消費者手上後，產生破損，也讓自己多了一層損失，讓消費者對你的店觀感不佳。

### 建議方法

　　初期如在訂單量不是很大的情況，建議找外面的理貨物流公司，將商品寄放在物流公司，有訂單的時候，就由物流公司來幫忙出貨，支付倉庫與理貨的外包費用，不僅可以替自己節省存放貨物的空間，也可以將商品出貨有個完善的包裝，等到真的出貨量夠大，可能自己聘請出貨人員更划算的時候，再建議由自己內部出貨到消費者受上。

## 倉　儲

倉儲可以囤貨與出貨，初期量不大前，建議找外包的倉儲理貨公司，先委託由外包處理，來解決出貨包裝等繁雜的問題。

（作者拍攝）

## 四、撈訂單

### 常見問題

　　在此要提醒每個想要經營與電商平台合作的店家，會讓你最頭痛與最煩的地方：每天都必須要到各個電商平台去抓訂單。每間電商平台的介面與後台的格式都不太一樣，所以算是一個後台就要做一次工的事情，曾經合作過很多電商平台的供應商曾說一個有趣的笑話，每天光開這些平台撈訂單，一個早上就過去了。

### 建議方法

　　有的經營者會找人寫系統程式，可以將各個通路的平台轉入匯出後，就能統一轉成出貨的列表格式，來減輕這個複雜且對提升業績沒有直接關係的工作量。

## 五、對帳

　　每個電商平台到月底時，都需要進行對帳，再來進行請款，如果你合作了10個電商平台，等於每個月底就要核對10個通路的帳務後進行請款，這件事沒有特別的方法與捷徑，只能從自己內部的出貨記錄清楚，到月底要對帳時，能一目了然，不混亂且快速解決這個要開心請款回來的動作。

### 撈訂單與對帳務

當有訂單的情況，每天都必須開啓各個平台的後台去進行撈消費者訂單、準備出貨的明細，整理訂單也是需要花很多時間。

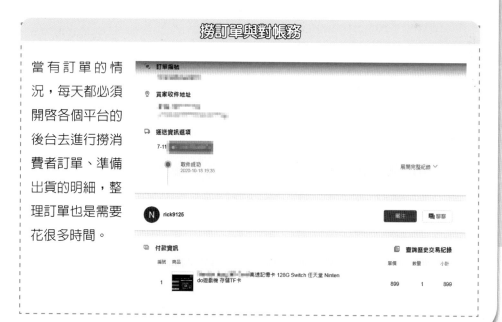

# 操作電商的常見問題：平台溝通

以下要談到的這些常見問題是很抽象的，並沒有一個絕對的解決辦法，因為它圍繞在人性上，遇到這些問題時，一般會建議供應商站在電商平台的角度去思考，比較有可能解決這些問題。

## 一、難聯繫

電商平台窗口平均握有200間廠商，非常忙碌，所以如果你的商品不是特別有好的銷售業績，其實不太願意花許多時間在你這間供應商的來往上，甚至會有無法接洽的情況，他們就很像是個漂亮的正妹一樣，每天要找他們的人很多，需要想辦法讓她對你這間廠商印象深刻，所以需長期培養與窗口的良好關係。

## 二、降價

大部分的電商平台窗口會在業績壓力下，要求廠商削價，因為降價就有機會有業績，是一個不變的道哩，這時候要不要降價來符合窗口的要求，就要依照每個供應商策略經營的想法而去決定是否要配合。

## 三、活動效益壓力

對大型的電商平台而言，這算是比較常見的情況，如單檔活動未達窗口所定目標，單月內將無法得到二次上活動機會，尤其在初期開始配合時，如果活動效益不好，之後窗口有好的活動與資源時，可能也不會想來找你，因為窗口要對公司負責的就是業績，它會覺得跟你這間供應商合作，可能很難達成，你與窗口關係就會愈來愈遠，沒有獲得好資源的機會，你的業績要做得好，更是難上加難，所以我會建議在前期幾次做活動時，不要有依賴電商平台流量的心態，自己也可以從外部去找些流量資源，來曝光你與平台一起合作的這檔活動，讓銷售與曝光機會提升到最大化，如在前期合作就能有好的業績成果，也容易給合作的窗口印象深刻，相對的，窗口有好康的促銷時，第一個一定想到你，因為你是可讓它能達到理想業績的供應商。

## 四、平台抽成

在跟各種銷售平台談合作的最常遇見的問題，就是反而很多大品牌因為通路希望它可以進駐，所以其實會開很低的抽成條件，請知名品牌進駐上架，反而還在剛起步的品牌，因為沒有知名度，對平台來說，可有可無，所以一定會開出最高抽成條件，因為在採購人員的思考，是小品牌有沒有進駐，對他的業績都沒有直接的幫助，但對小品牌來說，反而更需要有獲利，所以時常會遇到因為平台抽成高而無法獲利，造成無法合作的情況。

建議提醒 ▼

在商品定價時，如是已經打算未來上市是要在各大知名平台上架，就需要把通路的抽成考量進去，這樣才不會因為利潤不夠，無法跟通路合作，造成銷售管道無法擴展的情況。

## 五、商品寄倉

目前網路購物的大平台都開始提供給消費者快速到貨的服務，也希望全部的廠商都能配合，所以無法配合的廠商就會被平台將商品拉在頁面比較後面的位置，甚至無法配合活動曝光，在曝光減少的情況下，也就很難讓消費者看到自己的商品，就不容易產生銷售的情況，但因寄倉都需要提供一定的數量，包括庫存控管等問題，所以跟需要寄倉的大平台配合，也是會有很多供應商無法配合的問題。

總結 綜上提到很多問題與建議的辦法，最重要的一個結論就是，在初期合作窗口還對你這間供應商沒有太多印象的時候，最好是窗口有什麼樣的要求與願望，都盡量的配合與滿足它，畢竟窗口每天要面對的廠商很多，時間和業績都是很寶貴的，如你是個好配合又能讓它產生業績的供應商，要讓它把你這間供應商忘記是很難的，有好康的機會一定先想到你，你才可能有讓商品銷售出好的業績。

## 2-3 商品查價與追蹤

### 一、掌握即時市場價格變化

在目前這個競爭的時代，很多業者其實都會想靠著價格戰來搶消費者，除非你是品牌的高端商品，否則也會加入這場戰爭中，所以需要無時無刻地注意與你同品項的價格變動，畢竟同樣類型商品，消費者一定都是選擇便宜的購買，所以會建議每週都要固定追蹤一次與你同類型甚至一樣的商品價格的變化，避免讓消費者覺得你的商品都是偏貴的印象，這樣消費者下次就未必有意願會想逛你的商店；相對的，如果你的商品價格具有競爭力，消費者有需求時，就會直覺先到你的商店看看。

### 二、追蹤對手新品上架

這其實算是比較適合你是自己開店的商家，要隨時關注你所設定的對手又新上架什麼樣的商品來吸引消費者，就算沒有對手，自己要固定上新品也是很重要的，如果讓消費者每次來看都沒有新品，也會讓他漸漸淡忘你的商店會有什麼新奇商品。

右圖推薦目前比較方便的比價網：收錄了高達150間以上電商的價格。

只要蒐尋你想要比價的商品收錄的電商網站中，有跟你賣一樣的商品，都會把價格明列出來讓你比較，甚至可以安裝在Google的外掛上，只要到賣場看到商品，就會直接在瀏覽器上列表比較。

第二章　電商配合的常見問題．平台與定價

## 三、四種構思進行價格、定義、標準

你的商品一定要針對以下四種構思進行價格定義標準：

❶ **認知價格（印象）**：要先設定一個大部分消費者對這項商品的印象價格，成為你平時的常態售價。

❷ **組合價格（模糊）**：如果有遇到單品因為利潤空間不夠等問題而無法直接降價時，可以找其他的單品來組合，用組合的方式銷售，讓消費者無從與其他商店賣同樣的商品進行比較，甚至會覺得多一點價格又能多買到一樣的東西，而選擇向你購買。

037

拿下圖做舉例，大家可以看到同樣都是賣IPad，每個賣場都會有不同的贈品，有的會贈保護貼，有的會贈保護殼等IPad都用得上的周邊，好模糊因為毛利等問題，導致不能直接做折扣的商品，透過贈品與拉高價格的方式，讓消費者覺得划算。

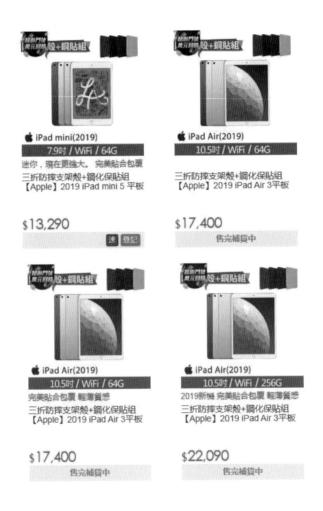

③ 限定價格（限時或限量）：需要設定一個當做短期的限時限量活動的價格。

④ 指定價格（會員獨享）：現在的人都喜歡有種尊榮感，如果給消費者有個VIP的稱號，也有可能讓他因為有此頭銜，而時常到你商店光顧，所以讓VIP有個會員資格，比以上更優惠，更折扣的會員獨享價，也是活動的操作手法之一。

# 2-4 價格敏感不是問題

## 價格敏感不是問題,一定要打消

絕大多數人對於價格是敏感的,一旦覺得貴,就可能放棄購買。

此時,除了「降價打折」、「製造稀缺感」和「強行說服」,你需要有效減少消費者購買貴產品的阻礙,讓他們更願意願買。

想要把商品定在價貴的情況下,必須要打造以下的情境跟溝通方式,才有可能讓消費者有動機想要購買:

| | |
|---|---|
| 1. 塑造內行形象:「你買貴的,因為你是內行」 | 拿星巴克做舉例,它的咖啡可以說是全部的咖啡品牌裡面算貴的,但還是擁有一批粉絲,原因在於星巴克賣的不只是咖啡,而是一個品味的代表,它的商品價值已經超越商品價格。 |
| 2. 打擊動機:「你買貴的,因為便宜的不能幫你達到目標」 | 這點就可以拿手機來做舉例,手機的品牌有分很多,每個品牌甚至還會再分規格,也依照不同的規格有不同的售價,但是總有一群人會特別追求幾大品牌的旗艦機,因為當消費者購買時,他知道,便宜售價的那幾款手機,無法滿足他的需求。 |
| 3. 利用群體:「你要買貴的,因為不該買的人都買了」 | 最好舉例的品牌就是蘋果手機,它從一開始亮相時,售價就偏高,但不論是百大CEO總裁,還是大學生,人人拿的都是這款手機,是打破社會層級與地位的商品。 |
| 4. 轉移歸類:「你要買貴的,因為這個歸類下,它並不貴」 | 例如:福特的FOCUS汽車,最新一代有自動駕駛的功能,有自動駕駛功能的汽車,相對的價格會比較高,但又與其他自動駕駛功能的汽車相比,它又是最便宜的,所以最後很多人因為這個原因,選擇了FOCUS。 |
| 5. 利用經驗習得效應:「你要買貴的,因為你過去吃過虧」 | 例如:智慧型手機很多人一開始都買中階款,但因為中階的規格功能有差,可能導致速度緩慢或是壽命不長,所以會讓人覺得買這雖然便宜,但是因為品質不夠好,這樣的商品其實讓人頭疼,感覺更差,寧可買價格較高,但是規格與品質都更穩定的手機。 |
| 6. 展現驚人的產品事實:「你要買貴的,因為它真的太棒了」 | 這個定義拿蘋果手機來說是最可以理解的,蘋果的手機相對其他的一線品牌來說,真的貴上許多,但很多人選擇購買,因為蘋果手機的體驗給大部分人有其他品牌手機無法提供的體驗品質。 |

在用戶做消費決策時，不要讓他到處尋找資料比較商品，你應該主動幫他做出專業的對比。

一個商品單獨放在用戶的面前，他很難感覺到價值；但如果跟一些商品放在一起對比，這個商品的價值就會很清晰了。

不過，你永遠不知道用戶會去對比什麼，也不知道他會從找到的資料中對比得出什麼結論。畢竟，他也不懂。

這時，你可以主動提供各種對比，「有技巧」地利用強項對比來適當抬高自家的商品，突出高級感，證明你的產品更好。主動權在自己手中，怎麼都比在對手那要強。

比如每個產品都有它的核心賣點，或者重點突出項，你可以把這些項拿出來和同行進行比較，就像田忌賽馬一樣，在商品策略上，展現優勢。

比如ASUS手機就是中高手，經常在產品發布會進行各種參數、價格的對比，看起來性價比超高，樣樣都好。

| | 我牌藍牙耳機 | 他牌藍牙耳機 |
|---|---|---|
| 支援藍牙編碼 | SBC / AAC | SBC / AAC |
| 電池續航力 | 耳機4HR，充電盒24HR | 耳機4HR，充電盒12HR |
| 麥克風風格 | 4 MEMS | 2 MEMS |
| 防塵防水 | IP54 | IPX4 |
| 低延遲模式 | 54MS | 101MS |
| 環繞音效模式 | V | X |
| 操控模式 | 滑動觸碰 | 單點觸碰 |
| APP | V | X |
| 自定義EQ（商品規格） | V | X |
| Side Tone （商品規格） | V | X |
| 價格 | $1,980 | $2,199 |

# 贈品不要標價格

　　贈送禮物當然不會引起用戶的不快，這是一個增強用戶黏性的舉動。但是，一旦你在贈品上標上價格，那就可能適得其反！

　　一個精美小禮物能將用戶和品牌維繫在忠誠購買程度上，脫離市場規範，增進感情，一旦將禮物標上價格後，就進入市場規範，這時人們對它的反應將和金錢相同，禮品不再喚起社會規範。

　　不管你的標價是多少，用戶都會拿它和同類的產品進行比較，禮物不再是禮物的價值，而僅僅是一個商品。

　　以購買SONY與NOKIA手機的贈品舉例，如果你送的贈品是價格夠高的，可以盡量放上贈品的價格，但如果贈品的金額可能比起同競品、同類型的商品價值未必是更好的，可以盡量不要放上贈品的價格，免得被消費者淪為在比價的犧牲品。

| 手機 | 贈　品 |
|---|---|
| **SONY** | SONY藍芽耳機$6,490元 |
| **NOKIA** | 好禮1：跑車鑰匙圈<br>好禮2：Google 100GB會員6個月 |

　　讀者可自行從一些購物網站上，看到類似的例子。

Date _____ / _____ / _____

# 第 3 章
## 產品上架電商平台・實操準備篇

3-1　電商平台的銷售思維

3-2　電商平台的行銷理論

3-3　產品高曝光的操作

3-4　什麼是關鍵字

3-5　優質產品關鍵詞的定義

3-6　高點擊及高轉化的產品圖片

3-7　爆款產品的標題撰寫

3-8　優質標題的關鍵因素

3-9　打造獨特性的產品標題

3-10　設置優質商品的標題重點

3-11　如何設置產品標題

3-12　打動消費者產品內容的詳細描述

## 3-1　電商平台的銷售思維

　　其實電商銷售與實體店面銷售，基本上的邏輯概念是差不多的，以下我們就用實體與電商來做比較，例如：你要開一家實體麵包店，第一個你會考慮什麼？

### 一、大家第一個會想到的，就是我的麵包店要開在哪裡？

**實體店面** 你一定想開在人潮多的地方吧！所以你會挑選人潮多的地點或在百貨公司開專櫃，提高曝光度，因為人潮就是錢潮。

**電商店面** 你會決定做一個自己的官網或是找各大電商平台，例如：Yahoo商城或是PChome，上架你的產品。

### 二、接下來，你就會思考，這麼多的人潮，如何吸引人潮「進入」我的店面消費？

**實體店面** 你會事先裝潢好你的店鋪外觀，吸引人的招牌，美觀的產品海報及觸動人心的文案廣告，吸引客人進入。

**電商店面** 你的產品上架在電商平台，跟你賣同樣商品的店家很多，線上消費者第一個行為就是搜索「產品關鍵字」，所以你要掌握產品的相關關鍵詞，而消費者會「點擊」你的產品關鍵，就是你的產品照是否足夠吸引人，因為網路行銷就是視覺行銷，接下來就是你的產品標題是否夠吸引人。

### 三、最後，你一定希望消費者來買單吧？

**實體店面** 當客人進到店裡，店內的裝潢，商品陳列，價格，服務態度……等，都是決定顧客買單的關鍵。

**電商店面** 當網路購物者進到你的商品頁，購買的關鍵因素就是你的產品說明，相關安全認證，產品規格描述，買家評價……等，就是最後購買的關鍵點。

# 3-2　電商平台的行銷理論

　　電商平台「行銷漏斗」（Marketing Funnel）理論，其實與實體店面銷售的思維是一樣的，消費者透過電商網頁中的廣告或是關鍵字蒐尋來找自己想購買的商品，再透過網路比價平台或消費者評價來參考在不同的網站或平台購買。

　　每一個商業行為都有它不同的操作方式，而這要看你如何與你的主要目標客群建立關係和用什麼樣的行銷手法。在這之前，你或許得先問自己為什麼要這麼做，以及了解主要購買對象。

## 圖3-1　電商平台「行銷漏斗」圖

電商平台「行銷漏斗」策略步驟：產品曝光＞產品點擊＞產品購買。

# 3-3 產品高曝光的操作

　　產品曝光定義：曝光次數是指消費者在電商平台的蒐尋產品欄，輸入「商品關鍵字」，如消費者輸入「保溫瓶」，而你販賣的商品只要顯示在蒐尋結果網頁，就算是一次曝光。

　　而商品高曝光的關鍵因素，就是「有效產品關鍵字」並且蒐尋這些關鍵字，你的產品要出現在第一頁愈前面愈好：假設你要銷售「保溫瓶」，當消費者想要在蝦皮上購買一款保溫瓶時，他首先會打開電商平台的首頁（如：蝦皮購物），然後，他會以自己所熟悉的產品品名（比如保溫杯，保溫瓶，熱水瓶……等）檢索。客戶用來蒐索一個產品時使用的詞語，就是「產品關鍵字」。

# 3-4 什麼是關鍵字

「關鍵字」這個名詞愈來愈受到重視，在台灣由於Google、Yahoo、Bing等蒐尋引擎的大量被使用，現在消費者在買東西之前，習慣先上網比較價格和查詢產品評價，現在的電商經營者，非常重視自家的銷售產品關鍵字在蒐尋引擎上輸入後的排名名次，依照消費者的蒐尋習慣，通常只會瀏覽關鍵字輸入後的前三頁網站的產品，重點是第一頁，所以，如果您的產品關鍵字能在蒐尋引擎的排序中擠進第一頁，甚至於第一名，對於網站的客源提升和免費流量提升，幫助非常大。

網站排名的第一步要件就是網站排名『關鍵字的選擇』，這步驟需要你用心花些時間仔細評估，網站排名最終目的是為了要提升銷售量，當您選錯了關鍵字，即使網站在蒐尋名次中排名第一位，效果可能也不大，因為也許您選擇的關鍵字根本不會有消費者用這樣的描述來作為關鍵字蒐尋。

何謂「廣義關鍵詞」？

何謂「長尾關鍵字」？

關鍵字又分「廣義關鍵字」及「長尾關鍵字」，這兩個關鍵字在定義上有所不同的。

## 一、何謂「廣義關鍵詞」

有些產品，一樣的東西，不同的消費者會給予不同的用字說法，雖然用字不同，但都是指同一個產品，如同之前消費者想要購買一款保溫杯時，他會以自己所熟悉的產品品名，比如保溫杯，保溫瓶，熱水瓶……檢索，身為電商商家，這些關鍵詞，千萬不要憑自己的主觀意識建立，因為在Google的免費工具都會有數據提供，以下就是操作的方式：

首先介紹的廣義關鍵字工具，運用研究工具選擇合適關鍵字，就是Google Ads（https://ads.google.com）：

Google Ads「廣義關鍵字」蒐尋方法如下：

**1. Google Ads ＞工具與設定＞規劃＞關鍵字規劃工具**

2. 在尋找新的關鍵字，打入「保溫瓶」

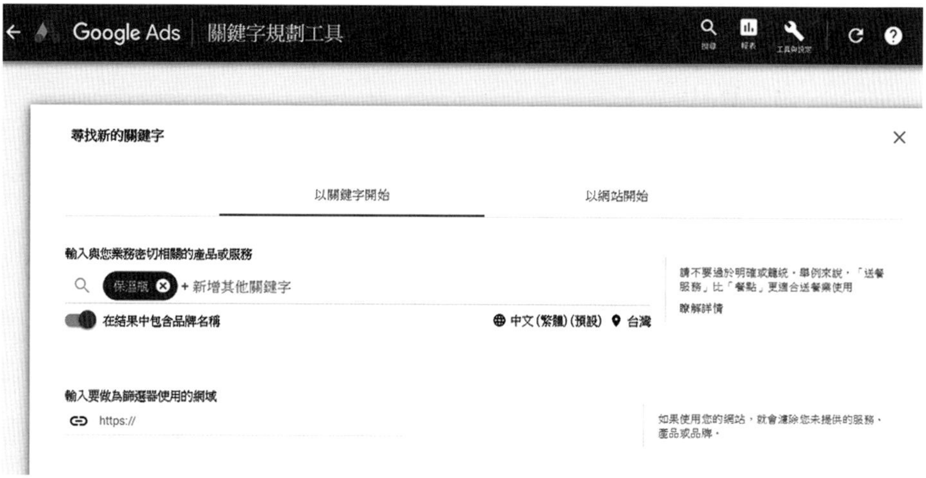


3. 這時，你會找到除了「保溫瓶」外，還有許多同義詞

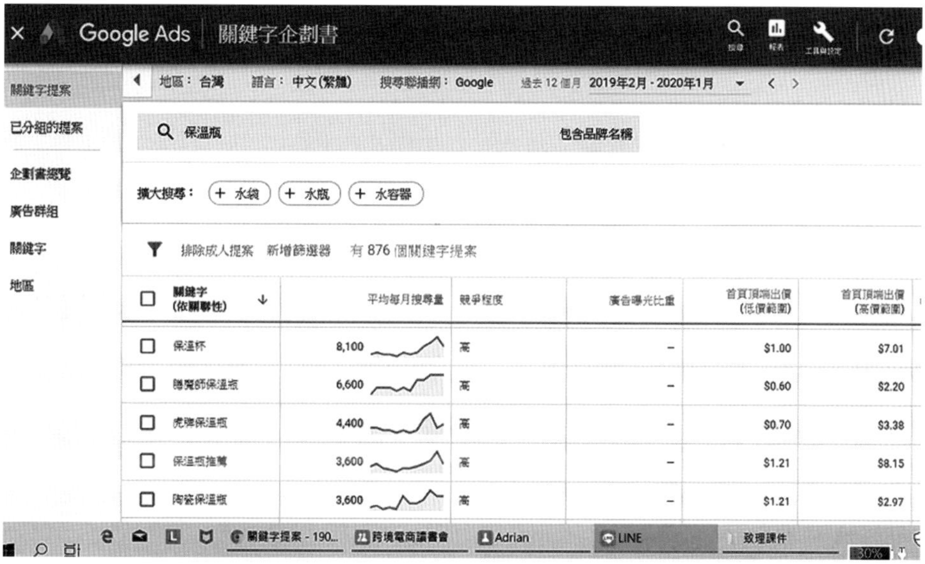

除了「保溫瓶」之外，你可以看到有一個詞「保溫杯」，此時你會發現你的「保溫瓶」商品，還有消費者會用「保溫杯」來蒐尋。再舉例我們最常用的「隨身碟」，其實在消費者的用詞說法上也有不同，譬如：我們會叫它「USB」或者是又叫它「拇指碟」，這些都是泛指同一個產品，但是對於消費者而言，他會用很多不同的說法，所以，我們可以用Google Ads來找出更多的的廣義詞，增加你的商品關鍵詞的流量。

## 二、何謂「長尾關鍵字」

　　到底什麼是長尾關鍵字？長尾關鍵字並不一定是指很長字串的關鍵字，而是由於使用者習慣不同，以及不同的消費者對產品的需求會存在一些特定的想法，比如有客戶想要購買不鏽鋼製造的保溫杯瓶，他用來檢索的關鍵字可能是「不鏽鋼保溫杯」，或者客戶想要購買的是陶瓷材質，他可能會用「陶瓷保溫杯」檢索，對於類似這樣的有特定細化指向的關鍵詞，我們稱之為「長尾關鍵字」。

　　再舉以下兩個例子：
❶「保溫瓶」關鍵字，「保溫瓶 大容量」、「保溫瓶 推薦」、「保溫瓶 如何清洗」─長尾關鍵字
❷「保溫杯」關鍵字，「保溫杯 清洗」、「保溫杯 咖啡」、「陶瓷 保溫杯」─長尾關鍵字

　　接下來再提供四大免費工具幫你找到長尾關鍵字，我們知道長尾關鍵字的好處後，問題來了：該如何產出屬於自己商品的長尾關鍵字清單呢？其實我們手邊都有很多好用且免費的工具，以下提供幾個常見的方式：
❶ Google搜尋引擎：在尋找長尾關鍵字的靈感前，可先透過Google蒐尋引擎來分析你的主要關鍵字是否於市場有足夠的蒐尋量與趨勢，若一開始就選錯方向，後面可會白白浪費時間。在Google蒐尋引擎打入「保溫杯」關鍵字，就會得到如下圖Google的推薦關鍵字。

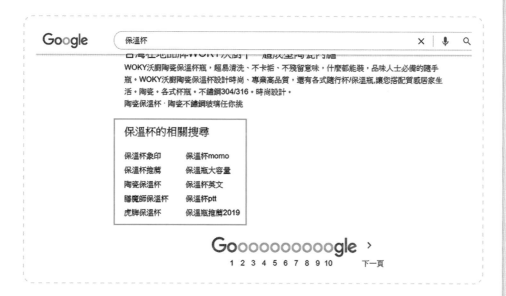

以上的關鍵字，都是Google首先推薦的長尾關鍵字，可以優先參考。接下來，在Google蒐尋引擎按下Enter，在Google首頁的左下角，也會得到Google推薦的關鍵字，如下圖：

❷ Keyword Tool（https://keywordtool.io/）：這個網站也可以快速找到長尾關鍵詞，是個免費的網站。

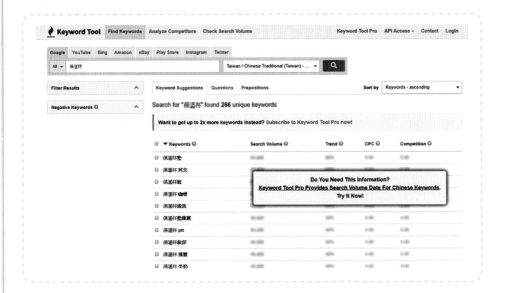

❸ UBERSUGGEST（https://neilpatel.com/ubersuggest）：這個網站除了可以找出長尾關鍵字外，還有更多關鍵字的資訊，很方便。

④ 電商平台蒐尋欄推薦關鍵字（蝦皮為例：https://shopee.tw/）

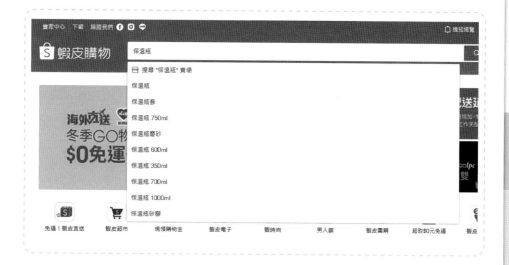

⑤ 更多好用的網路工具神器，請至「五南官網」線上教學影片

　　一般來說，大部分的消費者會透過產品關鍵字搜索，實現購買的第一步。根據客戶使用的關鍵字，系統根據演算法規則，為消費者展示出所示的搜索結果頁面。檢索結果有很多，每一頁有多條產品展示出來。而在搜索結果頁，產品主圖占據著非常重要的位置，直接衝擊著消費者的視覺，客戶會點開哪一個，產品主圖發揮了非常重要的作用，我們會在後文說明。

## 關鍵字的搜索思維

## 一、圖片必須呈現所銷售產品真實準確的資訊

　　相信有些賣家都吃過被客戶投訴產品實物與描述不符的虧，而被退貨，很多賣家覺得冤枉，因為自己的產品實物和描述是一模一樣、分毫不差的呀！為何客戶會投訴說實物與描述不符呢？不在於你的產品描述中寫了什麼，而在於你的圖片中傳遞的資訊誤導了消費者。比如，一個很小尺寸的產品，為了在圖片中顯得清晰，於是拍出誇張的效果，結果是，客戶收到物品發現實物太小，和預期出現偏差，自然會投訴和留下差評。賣家不要覺得只要產品描述寫清楚就可以了，因為很多消費者甚至不會閱讀你的產品描述，他們憑著對圖片的印象，做出購買的決定，然後再根據收到的實物做出回饋，如果圖片傳遞的資訊有誤導性，糾紛和差評就在所難免了。

以真實產品拍照呈現，勿過度美化，造成圖片與實際收到產品有認知上的差異。

## 二、美觀專業的圖片

　　圖片的品質對轉化率有著重要影響，如果產品設計很好，品質也很好，但是圖片是自己隨意拍攝的，雖然是真實產品的展示，但在圖片中感受不到產品的設計感和品質細節，這種情況下，雖然可以收到少數顧客在收到實物時有超預期的驚喜和好評，但也同樣會因為圖片不夠出色而錯失潛在的顧客。在圖片的拍攝和處理上，一定要達到美觀大器的效果，只有這樣，才能提高轉化率，讓更多的客戶點擊你的產品頁面，並且把他們留下來，進而購買商品。

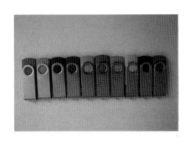

隨意亂拍　　　　　　　　美觀排版專業

## 三、圖片要有代入感

　　網路購物中「看圖購物」的核心不僅僅在於你的產品圖片有多漂亮，還在於你的產品圖片所傳遞的資訊能夠和顧客的內在需求相吻合，甚至能夠激發客戶自己未曾感知的潛在需求。很多賣家在圖片處理過程中，單純追求圖片的漂亮，卻忽略了圖片所應該傳遞的代入感。什麼是代入感？就是在看到你的商品圖片時，能夠想像出把這個產品用在日常生活中的真實情景，並且迫不及待地想使用它。單純漂亮的圖片可能會讓使用者覺得高冷。高冷沒人愛，熟悉感才更容易讓人接受。

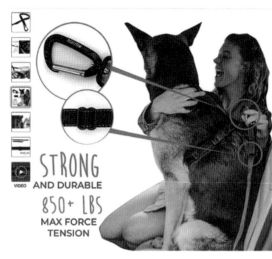

清楚呈現產品的特色與細節，做出產品差異化。

## 四、圖片要傳遞質感，更要傳遞超值感

　　圖片處理中，傳遞質感是必須的，精心設計、精工細作的產品，圖片一定要能夠把最精美的細節展示出來，好的細節能夠勾起消費者購買的欲望。但一套優秀的產品圖片，僅僅有質感還不夠，還要能夠向顧客傳遞超值感！就是以這樣的價格買到圖中的產品是占了便宜的！只有讓消費者感覺到超值，他才願意購買。而要想體現超值感，圖片細節是一方面，配件展示也是，甚至精心設計的包裝盒圖片，都是很重要的產品設計內容。

呈現產品所有隨附的配件。

## 五、從多角度展示產品

對於一些產品來說，一張電商產品圖片就足以媲美把產品拿在手中欣賞的體驗。考慮到這一點，你可以考慮從多個角度展示產品。

舉一個例子，iCATCH公司為監視器鏡頭配了圖片，包括不同的角度，剩下的照片展示了由該監視器鏡頭的使用情境。

Roll over image to zoom in

### iCATCH AHD 1080P Full HD Video CCTV Surveillance Security Camera 6 mm Fixed Lens Outdoor/Indoor Waterproof Day&Night Vision Dome Video System Camera

by iCatch
☆☆☆☆☆ ⌄   2 ratings

Available from these sellers.

Due to increased demand, we temporarily have reduced product selection available for delivery to your region. We are working to improve selection availability as soon as possible.

- ＊ Full HD Video: the security dome camera provides protection from whether rainy day or sunny day.
- ＊ Security camera with 6 mm Fixed Lens: focus on presice and clear view
- ＊ Up to Coaxial (UTC) supported: the faster speed with your coaxial cable connectors.
- ＊ True Day/Night mode with mechanical IR Filter: catch picture during both day- and night-time.
- ＊ The CCTV camera has SONY 2 Megapixel Progressive CMOS sensor
> See more product details

以各種不同角度的圖片，呈現產品特色。

## 六、展示產品影片

　　消費者喜歡看影片，影片比文字和圖片，能抓住消費者的注意力更久，並且更能讓人相信「是真的」，更能促使消費者行動，優質影片能夠在更短的時間內讓人留下深刻印象，當競爭者沒有優勢影片，你有！你能給消費者帶來的互動級別，都是其他方式難以達到的。

拍攝產品影片特色及使用說明，更能增加產品的信賴感。

一、關鍵字對於產品標題的重要性

　　圖片作為最直觀傳遞資訊的要素，在產品優化中占第一重要的位置，而標題始終和圖片在一起，用文字向消費者傳遞著產品資訊並承擔著打動消費者點擊瀏覽產品、詳情頁的重任，優質產品的各種要素中，標題具有舉足輕重的地位。

　　好的標題，可以為產品導入精準的流量，並且能夠激發客戶的購買欲望。一個優秀的標題可以實現最大化地為產品引流，提高曝光量和訂單量。

　　具體來說，在撰寫產品標題時，首先應具備的觀念是「標題要包含有流量的關鍵字，因為這是搜索流量的直接來源」。一個好的標題一定要把產品最核心、最精準的關鍵字展現出來。標題中的關鍵字承擔著兩方面的重任：一是被蒐尋引擎抓取，進入搜索結果中；二是客戶在瀏覽頁面時，可以準確理解該產品是什麼產品。

　　但一個產品往往會有很多類型的關鍵字，包括精準關鍵字、廣泛關鍵字、長尾關選詞等，甚至還會有一些趨勢性和流行性的熱詞，賣家在產品標題的撰寫中，要巧妙搭配，達到既有效傳遞資訊，又不累贅疊加才好。

二、精準標題的撰寫

　　首先，標題中不要使用太多關鍵字，一般來說，一個標題包含兩、三個核心關鍵詞即可。在字元空間夠用的情況下，可以適當搭配使用一、兩個長尾關鍵字或趨勢熱詞。總之，最忌諱的是標題成了完完全全的關鍵字重疊堆砌。

　　其次，在標題中除了關鍵字之外，還要考慮產品的特性詞和賣點。獨特的特性和差異化的亮點，都應該在產品標題中展現出來，要讓消費者在閱讀的一瞬間就能夠觸及內心的痛點和關切點。最後，當一個標題撰寫完成，賣家一定要認真

讀一讀，要反覆閱讀，看語句是否通順，是否朗朗上口，重點是否突出，賣點是否鮮明，語言是否生動，是否能夠勾起買家立即下單購買的衝動，如果達不到，那就推倒重來。

當然，標題撰寫的功力不是一蹴而成的，用心的賣家一定要經常閱讀行業大賣家的產品標題，透過閱讀標題，感受別人標題的美，然後逐步形成自己的撰寫思路。

# 3-8 優質標題的關鍵因素

透過上文分析，我們可以知道，一個優秀的產品標題需包含三個維度的內容：關鍵詞、賣點和美感。如前文講到的，關鍵字分為廣泛關鍵字、精準關鍵字和長尾關鍵字。有時，這三類詞語相互獨立、彼此不相同，也有些時候，這三類詞語會彼此相互重合。

關鍵詞彼此獨立的產品，說明該產品在消費者的認知中有多種叫法。比如，保溫杯就有三個通用關鍵字：保溫杯，保溫瓶，熱水瓶。這三個詞語彼此獨立，但都指向同一個產品，而且這三個詞語都是精準關鍵字；再拓展一步，比如「保溫杯1,000ml」則意味著大容量的保溫杯，因為附帶了容量的屬性，成為部分有特殊需求和要求的消費者搜索時使用的詞語，這樣的詞語，我們稱之為長尾關鍵詞：而廣泛關鍵字指向較大，覆蓋的人群很廣，但指向不精確，賣家要酌情使用，以手錶為例，雖然「手錶」是手錶類目的一個大詞，指向非常廣泛，表面上看似乎可以涵蓋有意購買手錶產品的所有人群，但實際情況是，從消費者的角度來看，一個有意購買手錶的消費者，其內心想要購買的產品，其實早已界定在男用手錶、女用手錶或兒童手錶這些帶有定語的精準關鍵字。

無論一個產品的關鍵字是如何構成的，對賣家來說，首先需要理解自己的產品，然後蒐集和整理出相關的產品關鍵字，蒐集到的詞語可能有很多，賣家要根據實際對詞語篩選，選擇最有效的詞語，以恰當的方式搭配，布局在產品標題中。

在當前的電商平台，賣家很多，每個產品的競爭都非常激烈，對於新發布的產品，為了更好地獲取流量、產生銷售，建議賣家可以特別注意長尾關鍵字的使用。如果說關鍵字的首要作用是讓產品出現在搜索結果中起到引流的作用，那麼僅靠關鍵字是說服不了消費者購買的。消費者在購買的過程中，總會在多條同質化產品之間比較選擇，在這個過程中，能夠影響消費者行為的，是如何讓你的產品讓消費者留下深刻的印象，標題中的產品賣點表述，就顯得極為重要。

# 3-9 打造獨特性的產品標題

　　在標題中，產品賣點體現為自家產品的獨特性，和別家產品的差異化等，如此一來，就要求賣家必須學會精煉自己產品的獨特之處和能夠觸及消費者痛點和關切點的圖文。也就是說，在賣點的表現上，要求你能夠像撓癢癢一樣，做得恰到好處，要讓消費者閱讀了你的產品標題，如同看一眼就難忘的行銷文，再也忘不掉。

　　從以上意義而言，產品賣點就等於「別人沒有，而我有！」的這些特性又正好是消費者看到之後就會念念不忘的。具體來說，標題內容包括產品獨特的特性、差異化的賣點，以及產品中可以解決用戶需求的痛點和消費者的關切點，這些都需要賣家能夠「以用戶為中心」擴展。如果脫離了消費者這個根本要素，僅在生產和工藝流程的角度描繪，恐怕就會雞同鴨講，事倍功半。

　　有了關鍵字，有了產品賣點，賣家就要達成標題優化的第三點——美感。美感是一個要求比較高的素養，雖然抽象不易懂，但它又切實地展現在標題的每一個細節中，一個突出重點的斷句是美感，一個使用恰當的標點符號也是美感，一串搭配適宜且準確的大小寫字母組合，同樣是美感。當然，賣家如果能夠在標題中搭配合適的修飾詞，那讀起來就更讓人賞心悅目而心嚮往之了。

　　當在撰寫產品標題的過程中能夠從「關鍵字」、「賣點」和「美感」三個層面思考，努力把握且盡量做好，一個優秀的產品標題就誕生了。

理想目標，我們希望標題中可組合的關鍵字組數愈多愈好，但建議控制在3個關鍵字。

首頁 > 我的商品 > **商品分類**

## 新增商品
請為您的商品選擇一個正確的分類。

商品名稱：　請輸入

🔍 分類名稱

女生衣著 　　　　　　　>

男生衣著 　　　　　　　>

美妝保健 　　　　　　　>

　　產品標題的寫法：品牌名＋行銷詞＋商品名／賣點、誘因＋規格＋核心關鍵詞舉例。

| 2016 最新 | 美白 | 抗皺 | 保濕面膜 |
|---|---|---|---|
| **2016 New** | **Whitening** | **Anti Wrinkle** | **Moisturizing Facial Mask** |
| （行銷詞） | （賣點詞） | （賣點詞） | （核心關鍵詞） |

## 一、撰寫清楚且容易理解的標題

- ・尺寸（128G、20 inch 、 XL……等）。
- ・運用（家庭用、戶外用、學校、公司、飯店、商店……等）。
- ・材質（塑膠、鐵製品……等）。
- ・認證（CE、UV、ISO……等）。
- ・功能（加熱、揉捏、抗皺、保濕、美白……等）。

## 二、產品標題其他注意事項

- ・做好產品名稱和買家搜索詞的相關性。
- ・產品標題字元數要適當。
- ・不要把關鍵詞重複累加（不但不會提升您產品的曝光可能，反而會降低您的產品與買家搜索詞匹配的精細度，從而影響搜索結果，影響排序。

在電商平台上，產品描述的作用在於提供消費者在產品圖片和標題中，末能獲取的更詳細的產品資訊，消費者帶著疑慮一路逛來，一直瀏覽到產品描述，希望對產品的困惑點能夠得到解答，同時也希望能夠透過對產品描述的閱讀，說服自己購買或者捨棄該產品，基於以上心態，這就要求賣家在產品描述中能夠對前述三項做進一步補充和完善，以達到說服消費者下單購買的目的。

網上購物過程中，因為缺少直接語言的溝通，消費者對產品的識別只能借助於描述中的表達，產品說明除了需要準確表達之外，生動活潑的語言更容易獲得消費者的認可和共鳴，所以賣家在產品描述內容的打造上，一定要避免寫成產品說明書，硬梆梆的技術參數是打動不了消費者的。所以，語言通俗易懂才是產品描述的主要表達形式。當然，對很多賣家來說，他們可能熟悉自己的產品並會正確熟練地使用它，但要用精準恰當的語言，以通俗易懂的方式表述它，還存在一定的難度，再加上若是非母語表達，那就更難上加難了。

那賣家該怎樣做，才能呈現出一份出色的產品描述呢？

### 一、大量參考優質競爭對手的產品描述

建議多看銷售好的競爭對手，畢竟這些賣得好的賣家，一定有值得學習的地方，多綜合幾家的描述，彙整出自己的創新內容。

### 二、參考競爭對手消費者評價與留言

許多消費者會把買過商品後的感想與使用體驗留言在賣家，這時可以參考其評價的好壞，從中間去提煉對自己有用的訊息，找出消費者真正的痛點，更能寫出產生消費者共鳴的產品描述。

產品描述的重點整理：

1. 產品個性訊息：款式、設計、顏色、賣點、優勢。

2. 產品通用圖片：應用領域、證書、展廳、車間、辦公室圖片。

3. 產品個性細節圖片：特徵、顏色、用途。

4. 超鏈結訊息：用於客戶二次引流。（圖片可連結：網站首頁／產品分類頁面／證書大圖／證書展廳的公司介紹）

## 三、交易／物流訊息：一定要盡量填滿公司目前提供的方式

1. 產品價格：能接受的價格區間或一口價。

2. 最小訂購量：請填寫最低訂購量。

3. 付款方式：能提供的付款平台，愈多愈好。

4. 發貨時間：最快能出貨的時間。

5. 供貨能力：在指定的時間內能夠供應的貨數量。

6. 常規包裝：包裝形式、尺寸，各類集裝箱能裝載的產品件數等訊息。

### 總結

把自己想成買家，創造一個可以讓消費者產生共鳴的內容，除了產品的特色外，多去誘惑你的消費者，描述商品的使用情境及商品帶來的美好生活。

# 第 4 章
# 線上文字客服的行銷溝通・技巧篇

4-1　線上八種網購買家心理・不可不知的銷售心理學

4-2　線上文字客服的語言規範

4-3　五大口頭禪・別誤踩地雷

4-4　電商客戶服務的四大重點

消費者的購買行動來自於購買衝動，而購買衝動來自於購買欲望，購買欲望來自於潛意識想要的欲望，欲望一旦被適當的誘發，就極易觸動人心，導致消費者立刻採取行動。

通常我們都需要好好洞悉消費者真正擔心與關心的問題；消費者作出購買決策的必要關鍵，因為消費者購買的不只是產品，還有你銷售時的狀態，所以我們必須要了解消費者心理及我們的客服溝通技巧。大家都體驗過一進到實體店面時，遇到過分熱情的店員招呼，會讓顧客感受到不自在，但若對顧客不理不睬，又讓他們覺得自己不受重視，所以電商網店跟實體店面一樣，要讓消費者進入你的網站，第一時間消除各種疑慮，然後有種賓至如歸的感覺，就是網店的必修課程；透過網店廣告宣傳，增加網站瀏覽量是很重要的，那我們要如何把瀏覽量轉換化為成交量呢？影響來自於消費者的購買決策，所以我們多了解一些不同消費者有不同的購物心理層面，以及面對消費者各種內在心理變化，才能夠符合要求並有效促成交易。

接下來，介紹破解買家絕對必買的八種購物心理及溝通技巧：

### 第一種【疑東疑西】

這是購物人群中普遍存在的購物心理，由於網路的特殊性，因此消費者看不到、摸不到，對商品的認知，只能透過文字說明和圖片展現，當然現在有新方式「直播」，但依然還是摸不到、看不清楚，只能透過看直播來了解；我們除了在線上透過電話溝通的方式以外，接著就是要用文字客服來說明，所以此時對商品

價值、性能、功能介紹，以及最重要的售後服務如何正確表達，都有利於解決一些新手買家新客戶的疑慮。

破解方式 面對這類新手買家的溝通，不可或缺的，就是「耐心」二字。

## 第二種【夠快就找你家】

現代化社會生活節奏快速，人們大多透過行動裝置購物的趨勢已提升不少，像以前所謂的「逛街」，現在已經成為貴婦或有錢人家，有錢有有閒的奢侈專利，所以24小時營業並提供送貨上門服務的網路購物，逐漸成為有便捷心態的消費者的主力消費方式，這類消費者只需要商家能提供優良的產品及售後服務，基本上就能贏得這類消費者的認可。所以把握住他們的便捷心態，提高出貨速度、客服精準回覆速度快、均可降低他們的疑慮，因為此類消費者都已經對網路購物很了解，逢年過節都會上網選購。

破解方式 你的商品可以根據這類人的需求，包裝成節日商品、舉辦節日活動，針對這樣的消費者，還可以貼心附贈節日卡片等，會更加強他們購買的誘因。

## 第三種【愈便宜愈好】

簡單來說，就是喜歡撿便宜、貪小便宜的那種求廉心理，這類族群的消費者非常多，他們認為網店不用支付水電、房租、人事費用，所以在售價上應該要比實體門市低，這個道理大家都懂，但他們還是會下意識去比價同一件商品在不同平台的價格差異，然後用最少的錢來買到最好的商品。

破解方式 針對這類的買家，我們必須具備好討價還價的準備，因為若價格高於消費者的心理價位，免不了要有討價還價的長期抗戰的心理準備；反之，若低於消費者的心理價位，那非常愉快的成功交易率是很高的，但若價格優勢無法成功，那加贈小東西，就是另一個不錯的方法。

## 第四種【求名拜金】

基本上講的就是崇尚名牌，如果我們不是賣正貨或者是無法代理精品品牌，

像這種求名心理的消費者就會轉向代購或Outlet去購買，這類的店家可以提供品牌折扣七八折，甚至Outlet還有可能到二、三折，另外提到代購的部分也有可能低於實體店面，只是會收部分手續費。這種心理的消費者通常會很在意且細心的去辨認商品的真偽，他們最重視品牌商品，對品牌本身有一種特別的偏好，所以相對他對質量有一種信賴感，要打進這種消費者市場，就要利用他們的求名心理及平台品牌本身優勢來進行行銷，如果店鋪高端大器、產品項目豐富、網站網頁有設計感，坦白說，不管是Outlet、代購、二手精品店，對消費者都會有非常大的吸引力，對他們而言，產品描述和圖片都必須非常精美完整。

**破解方式** 營運方式千萬記住：謝絕討價還價，以一口價的方式來做銷售精品，比較容易讓人有物超所值的感受。

## 第五種【求美夠個性】

愛美是人的天性及普遍要求，對這類的消費者而言，你的商品風格及個性化夠不夠獨特是非常重要的。這類的消費者不僅關注商品價格，更在乎你的服務、商品質量、包裝樣式等有沒有很具特色。此型通常以上班族居多，他們大多追求流行性、個性化、客製化的商品，比如客製化的馬克杯、情侶T恤的組合，在他們眼中都是覺得能有特色的風格表現，所以相對的就會注重產品包裝。

**破解方式** 若能在包裝上加入節慶的關鍵字及元素製作成禮盒一類，就能強烈吸引這樣的消費族群。

## 第六種【獵奇夠搞怪】

因為網路時代來臨、資訊接收快速，很多人其實注意力不太容易集中，是現在網路使用族群的症候，所以為了要吸引更多的焦點和消費者的目光，然後贏得市場的關注，人們對新奇事物往往有強烈的好奇心。

**破解方式** 所以在產品標題上可以表現產品特色、新穎、搞怪等特點，編寫誘人的文案來進行推廣，其實對這類型的消費者會很感興趣，例如：前面提到的穿搭服務、把面膜包裝改成馬卡龍的樣子等等。

## 第七種【從眾心理我也要有】

　　簡單來說，就是跟著人家走，比如市場現在的熱門商品、大家都在談論的商品；比如發熱衣、鉛筆褲等這種你有我也要有的產品，這時就只能來比價格、比銷售量了，在文案和產品名稱善用動人的廣告詞上，如每日熱銷上萬件、買一送一、價格定為「399」、「599」等吸引人的售價。

**破解方式** 這一類動人的廣告詞會吸引從眾心理的消費者，一種仿效性的購物方式，所以優質的價格搭配心動的介紹，會大大提高消費者購買的興趣。

## 第八種【噓～不能說的隱密性心理】

　　傳統觀念上，亞洲人有些產品不好意思走上街頭去購買，比如成人情趣用品店，就會轉向到網路上來做這一方面的購物，所以如果電商網店能夠正大光明的出售商品，而消費者能夠順利購得自己想要的商品，滿足他們的隱祕性心理，對消費者而言，消費過程的隱祕性是購物時主要考慮的因素。

## 【恐懼心理】

　　只要你賣的商品與生命、健康、自由有相關，比如身邊周遭親朋好友都非常重視這三個議題，所以市面上保健食品、減肥藥等，都立於不敗之地，不管賣多久，還是一天到晚有人搶著要，因為消費者認為只要對自己的身體有保障，就算花再多的錢都心甘情願，這都是抓到恐懼心理的這一類群眾，但也因為這類型商品在網路上很多人販售，所以要特別提醒在文案及溝通技巧方面，不要一直加重消費者的恐懼心理，這樣往往會有反效果，把消費這給趕跑。

**破解方式** 正確的作法應該是提出緩解消費者恐懼心理的建議，並且搭配自家產品的話術，比如瘦身產品，在文案中提到瘦身成功案例的前後對比照片；髮量少，放上植髮前後的照片，多放上產品使用見證者的留言，這都是可以緩解消費者的恐懼心理，並可以增加消費者對商品的信心。

## 4-2　線上文字客服的語言規範

**01　即時反應迅速**

反應快並訓練有素，對顧客首次到訪的時間回應不能超過15秒。打字速度夠快，客服打字速度一分鐘要有50字，而且不能有錯別字，在每次回覆消費者問題等待時間，不能超過20秒，如果回答太長，建議要分次回答。

**02　親切熱情稱呼**

這樣可以展現客服的自然真誠，然後禮貌問候可以讓消費者感受到你的熱情，不要使用艱深的字眼，盡量做到親密的稱呼，比如親愛的水水們，用這樣的方式來跟消費者做對話。

**03　有問必答**

了解需求後，細心且耐心的有問必答，幫消費者準確地找出話題，對消費者的諮詢、需求給予正確的回應並快速提供顧客滿意的答覆；若需求不明確，也要去引導消費者產生需求。

**04　銷售時隨機應變**

自信的隨機應對來展現專業舒服的語言技能，回答消費者的疑問，讓消費者感受我們是專家並得到VIP級的享受。

**05　主動推薦熱銷品**

主動推薦相關產品或者公司商品主推款，甚至提供優惠條件以得到消費者更高的訂單。

**06　建立友好信任關係**

以交朋友的角度來建立友好信任，找到與消費者共鳴的話題，想像客戶想要的是什麼，然後給出最恰當的建議，藉此以達到消費者的信任。

**07　轉移話題促成交易**

如果消費者刁難公司弱點或商品缺點，都可以透過轉移話題來引導銷售，解決問題之後，要強化我們的誠意，在服務過程中，給顧客良好體驗，讓消費者留下愉快的回憶，強化買到商品的美好記憶以促成交易的目的、這一點是客服語言規範最重要的一項。

# 4-3 五大口頭禪・別誤踩地雷

我們常常與人對話時，都會有些自我口頭禪上身，但在做網購營商時，顧客並不是你的朋友、家人或同事，所以在文字表達上更要盡量避免慣用不以為意或跟隨流行的用詞，會很容易造成顧客的錯誤印象而導致訂單流失。

以下是據調查的地雷語錄，千萬要小心！

| | |
|---|---|
| 【嗯】<br>【喔】 | 這文字容易讓人有感到敷衍、不以為然、無所謂的感覺，是做「代購」的賣家敢用的詞，因為是委託又低價，姿態自然可高，但一般商家可千萬不能這樣回話 |
| 【是嗎】<br>【噗】 | 容易造成質疑顧客或有輕蔑、嘲笑、不懂裝懂之意 |
| 【然後呢】 | 有點想跟顧客硬槓上的意謂，靜待顧客想說什麼，毫無溝通之意 |

引用YouTube中天新聞，2020年6月11日，https://reurl.cc/3DZ96l

### 一、及時積極主動溝通

　　網路社群媒體的時代，不處理買家問題是一件代價高昂、同時也是不可以發生的事。當買賣過程遇到任何問題時，在第一時間內，應積極主動地和客戶進行溝通。

### 二、不做超出客戶預期的承諾

　　不隨意承諾做不到的事，答應買家的事情，一定要履行承諾，如果你比承諾的做得更好、更多，得到客戶滿意度會更高。

### 三、盡量不予買家爭辯

　　網路購物市場多變，各式各樣的買家都有，不可能預測每一種情況，不可能控制所有事情。作為賣家必須要有負責的心，去面對任何意想不到的情況。

### 四、長期品牌經營

　　從短期來看，建立或改善客戶服務會花費相當大的精力與成本，但長期則有助於品牌的建立。

　　客戶服務要以消費者為中心，保持謙遜之心，最好的方法就是最簡單的方法──要有親和力。從本質上來說，買賣行為是一種人與人之間的交易行為，想想坐在螢幕另一端的也是一個像你一樣活生生的人，有句商場名言：「商道：做生意要賺取的不是金錢，而是人心。」

# 第 5 章
# 如何下網路廣告曝光商品・策略篇

5-1　一定要了解網路行銷演進，才能下對平台廣告

5-2　網路行銷演進

5-3　線上平台操作・流量在哪，就往哪下預算

5-4　BT行為定向廣告

5-5　傳統口碑與洗腦式行銷的比較

5-6　操作新聞議題・固定撰寫結構

5-7　內容長久吸引的理論

5-8　內容和產品致勝的關鍵

5-9　在廣告內容基本上會動用到的幾種工具

5-10　社群論壇操作

# 一定要了解網路行銷演進，才能下對平台廣告

　　了解網路行銷的演進過程，會幫助我們理解早期媒體舊趨勢到現在的發展新趨勢模式，會有利於在線上投放廣告時，能達到更切題或者是找到更精準的客群目標。首先，先來看看以下表格圖示：

## 網路VS.傳統媒體——優缺比一比

### 網路、數位媒體

▶ 資料、頁面儲存於伺服器，可隨時經由輸入關鍵字搜尋到。
▶ 系統自動統計，曝光數精確。
▶ 網友多年輕、自主性強，商戰新藍海。

### 傳統媒體（電視、報紙、雜誌）

▶ 收視率調查
　➡ 樣本數少，結果誤差大。
▶ 報紙發行份數
　➡ 數字灌水，成效縮水。
▶ 廣告看板曝光量
　➡ 粗略推估，經過未必會看。

## 網路VS.傳統媒體——行為模式

### 網路、數位媒體

▶ 有興趣才主動點擊 ➡ 印象深刻
▶ 可分享、轉傳 ➡ 影響無遠弗屆
▶ 行動載具，閱讀好方便

### 傳統媒體（電視、報紙、雜誌）

▶ 強迫收看，過目即忘
▶ 一日新聞，船過水無痕
▶ 收視不方便，紙張嫌麻煩

## 網路VS.傳統媒體——成本考量

### 網路、數位媒體

▶ 物美價廉，錢花在刀口上
▶ 蒐尋好方便，頁面永存
▶ 社群分享，成效擴散大，花費少

### 傳統媒體（電視、報紙、雜誌）

▶ 經費高昂，成本效益低
▶ 刊登愈久，花錢愈多
▶ 無法分享，擴散靠錢堆出來

其實舉凡利用網路這些媒介來進行宣傳、促銷、增加印象度與好感度等等，我們都稱為網路行銷。

最早期的第一波網路行銷時代是在2000年到2003年的EDM

## 一、EDM所帶來的風潮及熱門的廣告工具

EDM是第一個利用網路來作廣告的表現方式。

什麼是EDM（Electronic Direct Mail, 電子郵件行銷）？

基本上就是設計Banner廣告稿，做了一個連接檔，而這連接檔完成之後，就可以投放到簡訊、E-mail等，讓消費者來接收。

在早期EDM廣告得到的廣告效益非常好，因為它是一個很視覺性的Banner廣告。由於EDM廣告製作費並不高，製作費大概在8,000到15,000元左右，但是後來慢慢沒落，沒落的原因是因為

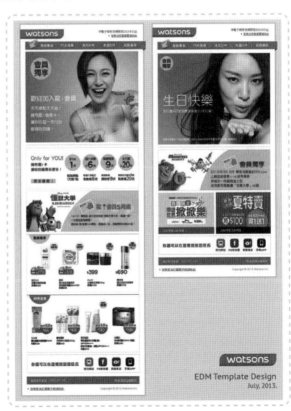

EDM Template Design
July, 2013.

投放效果不符回收比例。比如發投10萬封的EDM到簡訊上，消費者會去點開的，只有到6萬封，那再實際點進連接檔之後才是店家的官網路徑、部落格路徑或社群媒體路徑，而點進去的動作，據調查，點擊率真的超低，大概只剩下600封，這就是慢慢沒落的原因，但因為製作費是最便宜又加上投放費1封也才0.6～0.8元左右的費用，所以那時候非常的風行。

## 二、現在的EDM市場，還需要進行投放廣告嗎？

在此建議還是需要EDM，早期的EDM是用宣傳效果的方式來做投放廣告，而現在的EDM操作方式建議使用「經營會員」方式來做操作，因為用經營會員的操作方式，它的點閱率會比較高，會員或VIP會因為你寫了一些關鍵字，比如「回娘家」、「申請會員有好康」、還是「最新活動」的內容，甚至是「購物金」的抽獎活動，只針對這樣的舊會員的操作模式，點閱率就相對比較高，成效也會比較好，所以EDM對於網購經營而言，還是很重要的一個投放廣告工具。

## 三、EDM閱讀長度建議

3秒吸引目光，10秒獲取重點，閱讀時間不超過30秒，這是普通人查看電子郵件的習慣，而我們要讓更多豐富的內容來導引閱讀者。

接著2005年來到了部落格時代 —— 不同寫手有不同報價

最早期部落格是「無名小站」，它是年輕人、國高中生炒作起來的，後來Yahoo奇摩看到這塊市場也認為部落格是一個未來很夯的一個平台架構，所以Yahoo奇摩也開始建設了部落格，不管是在視覺版面及操作流程上，它都非常的簡單易懂，所以那時很多人都被導入到Yahoo奇摩部落格做廣告，而部落格廣告是怎麼做呢？

基本上都是先從抒發個人的心情日記開始，而這個個人心情日記，如果來觀看的人超多，就會吸引到一些業主，他們會想要跟部落格主來做廣告策略的合作，也就是說，他們可以在這個瀏覽率、點閱率、超高的部落格主的頁面去下廣告版位，而廣告版位可以用談抽成的方式來達到廣告效果。

## 四、現在有人說，部落格已經落寞了嗎？

其實部落格還是有它存在的意義，我們可以透過社群媒體在Facebook每日一文分享的時候，運用鏈接網址把粉絲團的會員導入到官網部落格去瀏覽商品訊息，比如「愛瘦身粉絲團」就做得非常好，他在Facebook粉絲頁裡連接部落格的網址，藉由這樣的特性導入到它們的官網去，利用贈品、玩小活動等來帶動銷售，像這樣的部落格加粉絲專頁的經營表現方式，是這個廣告投放的一大特點。

引用愛瘦身官網，2020年6月11日，https://reurl.cc/3DZpa0

2008年「關鍵字廣告」——
低成本、高效率的一種投放
表現方式

　　常說關鍵字廣告是中小企業主的最愛，因為它是促進消費的最佳廣告投放方式。

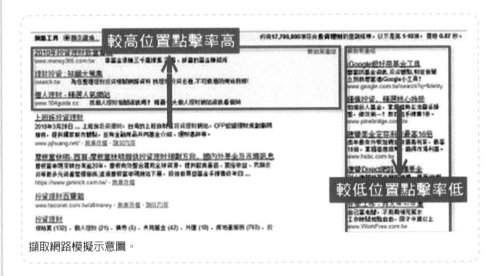

擷取網路模擬示意圖。

　　所謂「關鍵字廣告」就是跟著你家產品的關鍵字做的廣告。

　　相關產品的字數約40到60個字不等，但是建議不要寫到這麼多字，基本上，12～15個字左右是最好的，只要有類似的字，你都可以加入，以利蒐尋，如此才不會漏失被蒐尋到的機會。

　　以浮動計價計算，每一家店家出價，出價高的優先排名，也稱為「點擊計價制」。

　　每一個關鍵字大約3至5元起跳，到10元、20元都有。

　　這種投資的報酬率高、成本低、利潤高，顧客需要時才會打關鍵字，所以只要一蒐尋，基本上肯定是會買的。關鍵字寫得愈精準、關鍵字組合寫得愈精確，

消費者蒐尋到的機率、購買的頻率，就會非常高。

　　舉例來說，醫美界是買關鍵字廣告的愛好者，很願意花大預算來做關鍵字廣告，平均一個月都可以花到50萬至100萬元。

2010～2012年是
Facebook臉書全
盛期時代

　　「Facebook臉書」進駐台灣初期是以「開心農場」遊戲來作為一個宣傳的方式，後來才逐漸演變成社群交友的模式，在消費族群上是比較偏向知性、理性的年輕人到中年人，甚至我們現在所稱的小資族，在當時都是以此為聯誼平台，繼而發展為投放廣告聖地，幾乎所有賣家都以此作為第一個銷售、宣傳的起點。

2014年微電影當道——
它是短片？還是廣告？
還是電影呢？

**以上都稱為「微電影」！**
**那什麼叫做微電影呢？**

## 五、將產品的核心精神透過電影的劇情式廣告，就稱為微電影

影片長度15分鐘以內完成，可以運用在各種新媒體平台，適合在移動狀態或短時間休息狀態下觀看，有完整的故事情節可藉由行動載具作為觀看平台，具有娛樂或商業行銷的目的。

使用手機，0元也可拍出微電影，但是如果你的微電影要做到高品質，以商品服務作為行銷核心，那預算可能就要高一點，需要好好思考如何將產品涵義、商品的品牌精神，透過故事張力來傳遞給消費者，這個故事的腳本就非常重要。

引用PChome YouTube影片，2020年6月11日，https://reurl.cc/R4QE9n

微電影跟一般電影，甚至一般廣告相比，在成本上它並不高，0元到千萬都有，時間不需要太長，播放平台比廣告跟電影的散播力來得廣，特性就是用語音說故事，接著放上網路引起共鳴。這樣的微電影投放廣告就成功了。

## 圖5-1 微電影大PK總表分析

| 項目 | 廣告 | 微電影 | 電影 |
|------|------|--------|------|
| 成本 | 10萬～數百萬元 | 0～千萬元 | 3,000萬～數億元 |
| 時間 | 5秒～30秒 | 30秒～20分鐘 | 60～120分鐘 |
| 播放 | 電視為主 戶外網路次之 | 網路媒介、行動載具、載具為主 | 劇院、公開放映為主、電視次之 |
| 演員 | 素人、藝人 | 素人、藝人 | 藝人為主 |
| 製拍 | 專業 | 素人、專業 | 專業 |
| 編劇 | 專業 | 素人、專業 | 專業 |
| 營收 | 廠商 | 廠商、平台、廣告分潤 | 民眾、廠商、版權 |
| 器材 | 專業 | 手機、專業 | 專業 |
| 製期 | 短 | 短 | 三個月至數年 |

　　網路行銷的演進，從最早期的EDM時代到部落格時代，來到關鍵字、Facebook臉書、微電影等等，這些都是最早期一路過來的網路行銷演變過程，直到現在開始直播做導入，因為直播跟微電影，所以影片當道已經是未來的趨勢，我們需要在影片多下功夫，它是未來網路廣告的模式，當我們了解這些網路行銷的演進之後，未來趨勢潮流會是在行動裝置媒體上，包括直播以及大數據的應用聯播網。

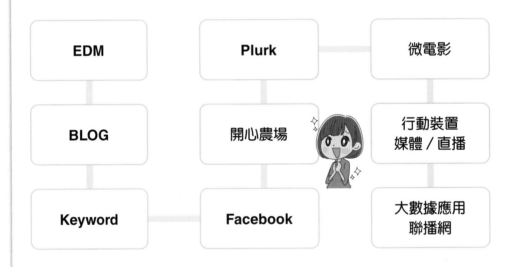

　　應用聯播網是目前幾乎所有業主喜歡的下廣告方式，它的最大誘因是除了可以幫你做輪播之外，還可以幫你應用到BT定向廣告，幫你追有點開過廣告的潛在客戶的消費使用習慣。

# BT 行為定向廣告

## 一、BT行為定向廣告（Behavior Targeting, BT）

行為定向廣告，這是一種創新的廣告模式。

## 二、是一種針對消費者上網行為習慣所下的廣告

依據網友在網路上的蒐尋行為、廣告點擊行為、瀏覽狀況來決定廣告投放的對象，例如：鎖定看過「momo購物台的保養品相關內容」這類網友，去追蹤你而來投遞廣告，利用大數據分析鎖定這個目標對象。

這類型廣告通常都是安排輪播而非固定版位，Google跟Yahoo奇摩、Facebook臉書都有BT行為定向廣告可購買，會有免費的媒體偵測支援Google Ads短網址，設定網址點擊進去後，到達官網。

## 三、BT行為定向廣告，如何追蹤看過廣告的目標對象

其實是Google會提供程式碼，讓企業主的工程師埋入自家的官網或者是商

城，接著透過程式碼去做追蹤，它是鎖定在瀏覽使用的媒介上，比如電腦或手機，所以如果你換了一台電腦或是換了一台手機，那它跑出來的廣告頁面就不一樣了，這就是BT行為定向廣告。

# 5-5 傳統口碑與洗腦式行銷的比較

## 傳統口碑VS.洗腦式行銷

| | 傳統口碑 | 洗腦式行銷 |
|---|---|---|
| 發文角色 | 一般網友或路人 | 平台意見領袖／一般網友 |
| 文章呈現 | 一般使用心得 | 兼顧故事性與廣泛散播的特性 |
| 文章效果 | 單向訊息傳播，純粹的散發訊息 | 激發欲望互動，創造出討論聲浪 |
| 操作型態 | 重視文章數量 | 結合行銷策略與創意 |
| 文章監控 | 純粹監控網路討論 | 除監控之外，提出策略與建議 |
| 人員素質 | 工讀生操作 | 正職寫手 |

# 5-6　操作新聞議題　·　固定撰寫結構

## 一、新聞議題基本上會有固定的撰寫結構

**第一大綱**：開頭接近流行時事，新聞的開頭第一段顯得非常的重要，如開頭不吸引人，讀者就不會再看後面到底寫了什麼，所以通常都會建議使用當時最被關注的議題，當做開頭。

**第二大綱**：開始描述現在民間的一些情況，都用什麼樣的方法來解決。

**第三大綱**：接著把要置入的商品秀出來，開始提到想要推薦的商品也可以解決符合上述的問題，會開始請商品負責人甚至是專家來推薦陳述。

**第四大綱**：會以有些要提醒讀者的警示標語來做個結尾。

可以分成下列兩種模式操作：

❶ 公信力：往往只要有被新聞報導過的訊息，可以給讀者帶來可信度，能給在觀望你的消費者信任，邏輯很簡單，因為如果是很差的商品，新聞也不會報導。

❷ 話題操作：新聞報導的議題往往會被讀者們渲染，所以當需要把價值擴散出去時，新聞是最能被傳播與討論的，當然內容也必須要有特色以及具有討論性，若是已經老掉牙的東西，相對的就很難引起大家的注意與共鳴。

## 二、撰寫範本案例

新聞標題：路跑、三鐵正流行　玻尿酸讓跑者好「膝」力？

### 第一大綱

近來全民瘋路跑、瘋三鐵，每到週末假期，各地都充滿各式各樣的路跑與三鐵賽事，參加的民眾除了追求健康、享受奔馳的快感外，也從挑戰自我的佳績中獲得身心的成就感。不過，跑步雖然好處多，卻也得當心若暖身、收操不正確，可能讓膝蓋受到無形傷害，讓「跑者膝」悄悄上身。

○○診所醫師指出，現代人所說的「跑者膝」，就是醫學上的「髂脛束症候群」，其症狀為膝蓋外側周圍疼痛，且大多是因為運動過量或是暖身收操時不正確，讓膝關節的軟組織受到過度的刺激與使用，造成軟骨的磨損、軟化等狀況，並進而刺激軟骨之下的痛神經反應，若不好好正視問題，不僅跑者的生涯可能得終止，甚至還會難以行走。

想要避免跑者膝，除了平時的預防保健，以及加強「暖身、收操、伸展」之外，隨著醫學美容的流行，不少人知道玻尿酸可以讓肌膚白裡透紅，但卻鮮少有人知道玻尿酸也可以使用在關節上；事實上，人體平均含有15克的玻尿酸，而每克玻尿酸能抓住一千倍的水分，但玻尿酸會隨著年齡的增長而日益減少，所以藉由玻尿酸儲存水分的功能，可以幫助關節潤滑，預防跑者膝。

## 第三大綱

雖然大多數人都以為玻尿酸只能塗抹或注射，但其實隨著醫療科技的快速進步，現在玻尿酸也能用口服的方式來補充，且已有業者推出食品級口服玻尿酸的產品；例如：○○集團旗下的產品為食品級高濃度玻尿酸（品牌名稱），就曾獲得生技大獎、國家品質金牌獎，在市場上頗受到消費者的青睞。

對於用口服方式補充玻尿酸，業者以旗下產品為例表示，○○玻尿酸並非只是單純的食用玻尿酸，而是結合玻尿酸合成所需的N-乙醯葡萄糖胺，以及可修護關節的軟骨素，且大多以三至四週為服用的週期。此外，治療關節炎使用的玻尿酸不僅高純度、低鈉無負擔、無防腐劑，且其原料特性、臨床驗證報告皆須針對舒緩關節疼痛及增加肌肉強度做測試和設計。

## 第四大綱

由於近年來玻尿酸愈來愈受到歡迎，因此業者特別提醒消費者，在購買前，務必先看清楚產品的成分、內容等標示，而且若使用時，身體有產生任何不適感，即應立即停止使用，並向專科醫師尋求協助。

以上不管是論壇還是文章，對長尾效益來說，有著非常大的幫助，因為它會被蒐尋引擎記錄下來，當遇到你的品牌被蒐尋時，也能透過這些內容傳遞給這些正在對你的品牌有興趣，卻還是保持觀望態度的人，進而可以提升他們對你品牌的信任與更加了解你的商品，進一步提升他們對你的肯定。

## 公式：創造價值＞傳遞價值＞讀者

### 一、想要經營社群就需要有好的內容

在一個快速消費的時代，優勢的商品內容變成是行銷的根本，只有經由內容行銷，消費者才會知道要傳遞的是什麼，商品溝通有何種訴求，能重複使用更好，因為每次的內容製作所消耗的時間與精力都很浩大，所以大多數人都希望內容不要只是能一次性的使用，而是可以一再利用、是否能引起網友的共鳴，讓網友會主動的進行分享，進行更大的擴散，好的內容就會像歡樂一樣的快速散播，社群所發出的內容類型與商品的類別連結變得相當重要，什麼樣的內容就能吸引怎樣的族群，就如同網紅到有一定的粉絲人數想要開始進行銷售以後，美妝網紅熱銷的一定是美妝商品、健身網紅熱銷的一定是健身商品一樣。

### 二、針對目標群眾行銷

所以若是想賣美妝保養商品的人，可能開設的社群就能透過分享保養相關知識來吸引族群。想要賣男性用品的，就可以分享男性愛好的相關知識來吸引男性的族群。賣汽車用品當然分享汽車相關知識的內容、賣3C的分享各種3C資訊來吸引同好，當要對這群粉絲進行商品銷售時，你的專業商品知識與精準行銷話術，是確保大多數的粉絲都是可能會對你所賣的商品有興趣的正確族群。

## 5-8　內容和產品致勝的關鍵

用這個標準看，我們發的每個貼文都是內容，不管是心情、分享、趣事，而且不同人的表達方式，還不一樣。

那什麼是內容產品呢？

一句話，你想表達的，不僅讓你高興，也讓看的人開心。不是自嗨，而是群嗨。

內容產品邏輯和企業產品完全一樣，產品之所以能賣出去，一定是因為對消費者有用。

至於怎麼把內容產品「賣」出去，就得靠新媒體。

有的內容適合做出文字，在社群傳播；有的適合拍成影片，在社群散播。

媒體，只是傳遞內容產品的載體而已。

到這一步，其實都不難，都是概念；真正難的，是怎麼做出好內容。

### 怎麼做出好的內容？好內容的兩個重點

#### 一、內容深度：知識儲存、觀察

八卦類內容，是人最淺層、最本能的需求，據說人類發明語言，最初就是為了分享訊息、聊八卦，需求量至今巨大。

但八卦的有效期很短，今天的瓜，隔幾天再吃就不香了。

八卦之後，是新聞、資訊，內容逐漸變得有觀點、有態度、負責任。

再之後，這些有觀點的訊息，慢慢沉澱，變成知識，最後上升到價值觀。

不難發現，愈往後，內容的穩定性愈強，比如佛家屬於價值觀類，能幾千年不改變。

但要挖到這樣的內容深度，對思考能力的要求極高，內容創作者需要穿越一層層流動的訊息，挖到底層不變的內容價值。

好在，正因為價值觀、知識不易改變，厲害的內容創作者只需要連線就好。

連什麼線呢？

把新鮮出爐的八卦，和某個已經存在多年的價值觀、知識，做連線。

所以，我們會發現很多文章，都是從讀者喜聞樂見的八卦切入，最後落到某個價值觀上。

這需要有大量的知識、觀念的儲備，以及能從八卦、新聞裡挖出內核的洞察力。

## 二、內容體驗：創造與感知

首先是純文字，它的閱讀體驗，一定不如有畫面、還能動的影片好。

一部120分鐘的特效大片，和一本同樣內容但20萬字的小說，你更願意看哪個呢？

一定是電影，對吧？

除了文字和影片，中間還夾著另外幾種形式。

不難發現，「條漫」（Webtoon）其實就是文字＋影片＋音樂。

可以說，每一種內容形式，都是上一種的升級。

而且升級的方向只有一個，讓讀者更高興，愈符合人性愈高興。

所以才會出現那種特效極高興，讓人腎上腺素飆升的爆米花電影，不需要內涵，高興就是內容的核心價值。

但這裡同樣有一個問題，人類的高興，是沒有盡頭的。

今天能讓人高興的，明天可能就無效了。

這也解釋了為什麼影片總是一波一波的，很難持續，因為新鮮感太容易過期。

而要獲得這種讓讀者爽快的能力，則需要極強的用戶感知力，以及創新能力。

至於怎麼訓練，目前筆者接觸到的方法，是對笑點、淚點進行蒐集和拆解——分析自己的情緒，並找到能製造這種情緒的技巧。

都得下苦功夫，沒有捷徑：

1 提升已有深度內容的讀者體驗。

2 提升體驗已經很好的內容深度。

| 論壇 | 媒體 | 社群 |

## 5-9 在廣告內容基本上會動用到的幾種工具

### 一、新聞內容行銷就是一種洗腦

洗腦不會是廣告，廣告的原理就是不斷的播放。

如同課本一樣，是個有公信的工具。

這方式通用性極強，適合各種行業。

**對於餐飲業：**廚師做菜是創造價值，服務員上菜、外送平台是傳遞價值。

**對於零售業：**賣家在創造價值，各種零售通路在傳遞價值。

不難發現，傳遞價值的手法一直在變，但創造價值本身是相當穩定的。

### 二、媒體行業的價值內容核心法

一種是企業產品，企業透過生成產品創造價值，之後再透過社群來傳播銷售。

還有一種，就是內容產品，內容創作者負責生產內容，再透過社群等來傳播。

**論壇：**我們常常會在這裡種下一個當做是話題行銷操作的種子，目的是大家其實多少會發現，現在的新聞媒體記者因為都會到論壇上找議題來報導，所以先在這裡種下一個種子，如運氣好加上討記者喜歡的話，相對的就會開始被媒體抓去報導，自然可以省下媒體上刊的費用，但如沒有被報導的話，其實也是在替後續要進行新聞的操作上成為一個很好又較自然化的素材，尤其當現在讀者都變成

聰明理解有業配文這種手法時，就需要套路愈深，內容愈有趣，才不會使人猜疑。

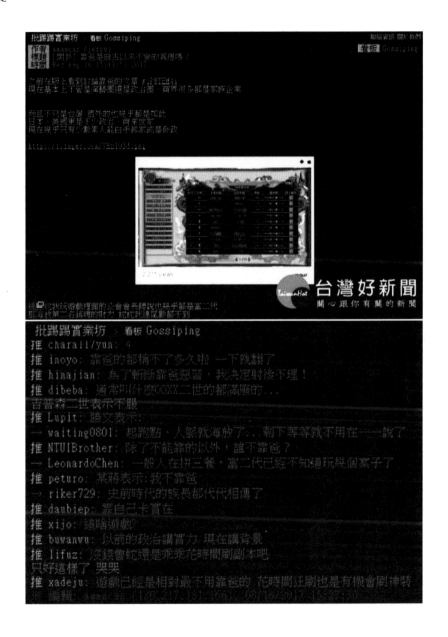

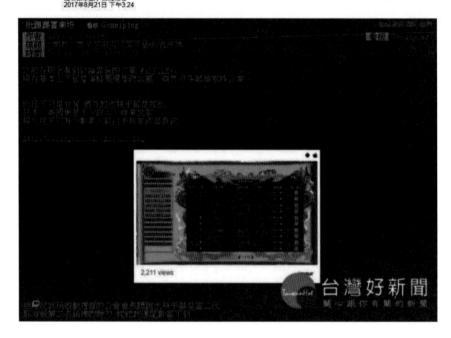

再利用新聞報導論壇熱門話題的示意圖。

# 5-10　社群論壇操作

## 一、精準經營社群目標與鎖定族群

目標對象：

想知道的是什麼、想看到的是什麼、想掌握的是什麼、想被重視在意的是什麼、想被認同進而參與的又是什麼、想要如何被目標對象在意甚至看重，要看用了什麼樣的方法與他們溝通。

不同的人，在不同的管道（媒體），對文字與圖像的敏感度都不同，要懂得投其所好。在一個社群為王的時代，一個商品想要開始在社群銷售，在創立各種社群帳號後所綁定進來的族群變得重要，若吸引到了與商品目標不相干的族群，日後與粉絲進行推播也是徒勞無功。

## 二、替品牌做內容的好處

1. 提高搜尋引擎頁面收納，能讓對品牌有興趣的消費者看到很多的品牌相關訊息，提高品牌的熱度和形象。
2. 增加被搜尋到的機會，才能讓品牌有更多的印象。
3. 強化相對關鍵字於搜尋引擎的強度。
4. 網友分享意願高，分享比例增加。
5. 有效增加及帶來網站流量。
6. 接觸到更多對該內容有興趣的朋友。

Date _____/_____/_____

# 第 6 章
# 社群經營行銷與活動設計

6-1　活動設計 5W 發想‧節慶議題搭配運用

6-2　各社群內容比例「442原則」經營

6-3　商品口碑的基礎建立

## 6-1 活動設計 5W 發想，節慶議題搭配運用

在電商經營架構上，社群經營行銷活動也是很重要的一環，這也分三階段：

第一階段 招募粉絲
第二階段 粉絲互動
第三階段 轉化粉絲為買家

每一階段需要設立不同的行銷目標，使這三階段能夠循序漸進地去實施運經營；商家可自行評估目前經營現況後，再針對需求來做活動設計。

### 針對活動設計5W發想說明

| | |
|---|---|
| 第一個W 「Why」 | 舉辦活動的目的及要達到的效果為何，是為了曝光商品，還是招募新粉絲，定位清楚後，才能準確的規劃活動。 |
| 第二個W 「Who」 | 消費者或使用者，有時不見得是同一群人，所以在活動設計上要精準對焦在正確的族群中，比如未成年小孩需要手機，真正能購買手機給小孩，有消費行為的是小孩的家長，所以家長是消費者，而未成年小孩是使用者，有時候也有可能消費和使用是同一群人，所以要根據產品在設計活動時，再將細節聚焦化。 |
| 第三個W 「What」 | 活動對粉絲有什麼好處，也就是所謂的誘因，比如組隊參加的榮譽感、參加有獎品等，好的誘因會提高粉絲參加活動的黏著度。 |
| 第四個W 「When」 | 辦活動需要思考舉辦的最佳時間及地點，通常社群行銷活動都需要及時性，活動時間拖得太長反而容易有反效果，比如情人節在當天會是活動最高峰，而適合在前一個禮拜開始醞釀，但情人節一過，活動就不適合再辦下去，這就是所謂的即時性。 |
| 第五個W 「Where」 | 活動能夠為產品或品牌創造附加價值效益在哪裡呢？也許能提高營收、增加粉絲數、提高忠實客戶黏著度。 |

以下有一張表可以作為在辦活動時，針對節慶時間來規劃舉辦的參考：

| 月份 | 網路節慶議題 |
|---|---|
| 1 | 尾牙、寒假、新年、禮金 |
| 2 | 春酒、情人節、開工換新裝／早春商品 |
| 3 | 開學季、換季清倉、網路商店週年慶／春季購物節 |
| 4 | 兒童節、春假旅遊網、春裝新品上市、復活節 |
| 5 | 母親節、網路商店週年慶、夏裝／美妝新品上市 |
| 6 | 謝師宴、美妝防曬美白起跑、新鮮人進職場、六月新婚潮 |
| 7 | 暑假旅遊潮、各大景點打卡潮、七夕 |
| 8 | 中元普渡、父親節、展覽／電腦／電競／動漫 |
| 9 | 秋品上市、開學季、教師節、秋冬保養季 |
| 10 | 百貨週年慶、換季清倉、中秋賞月 |
| 11 | 居家布置發想期／媽媽寶寶、冬季禦寒大作戰、感恩節、旅遊展 |
| 12 | 聖誕節、新年趴開趴、交換禮物、年假旅遊規劃 |

引用露營瘋官網，2020年6月11日，https://reurl.cc/j7OY2m

## 社群比例 「442原則」 經營

知名醫師，忙到沒時間上健身房！
在家使用 ▮▮▮▮▮▮▮▮▮▮
鍛練身體💪
即使已年近60歲，健康檢查表上
竟沒有一項是紅字😱
腰圍也僅有30，連當兵時的腰帶
都還打得上。超讚的👍
🔥風行世界，歷久不衰的
#5mins Shaper pro 好評不斷👍
《防疫少出門……
運動健身增強免疫力很重要》

🔔保持健康、運動健身就靠它
➡https://goo.gl/Ce9GTa
⚠️使用後 #獲得99%超高好評⚠️

● 讓全身線條更有吸引力！立即體驗『四倍的核心訓練』
☑️配備高規格手握心跳測知儀
☑️前後雙軌支撐耐重高達100KG
☑️多段坡度調整 適合新手→逼動狂
☑️超大型電腦顯示器時間、次數、熱量消耗

#非常時期，防疫少出門！
#在家逼動健身，增強免疫力！
#五分鐘健腹機終極版

HEALTH.UDN.COM
**為促兒運動！60歲醫師每天健身，一練10年不中斷** | 健康橘
| 橘世代 | 元氣網

### 4成提供和銷售無關

但消費者社群需要的知識

如果是整天發要人購買的內容，肯定是沒人看的，經營社群要如何吸引粉絲？當然就是要讓他覺得從你這裡能獲得他要的資訊知識或價值，一旦讓他獲得了，他就會很自然的想要追蹤你的內容，也才有機會可以增粉，圈出一群你的粉絲群，好在之後進行推廣。

… 月扭扭樂月加碼』
開獎囉 #月加碼 #開獎
恭喜 獲得 旋風塑身扭扭樂
http://bit.ly/2V44eL0……更多

每月獨家優惠好康等你拿

-0:02

## 4 成內容和銷售間接相關

像是品牌活動

透過前面四成的有價值知識內容吸粉後，就可以透過這些被你用相關知識吸取的同溫層流量，再順勢讓他們認識你的商品，增加你的品牌曝光。

初四除了迎財神 還要做甚麼呢
沒錯 就是該運動囉
過年吃下去的熱量 通通讓他燃燒
#急速爆汗 #後燃效應
就是這一台 http://bit.ly/33iRFg3

## 2 成內容和銷售直接相關

可以連結到產品試用或購買網站

大致是每十則貼文中，可以兩則連結去商品試用或購買的網站，這樣的方式不能太平凡，原因是，太多文章都做導購連結，會讓讀者覺得似乎這個社群導入性太強，容易造成讀者的反感，就很難替你的社群追蹤人數吸粉。

第八章 社群經營行銷與活動設計

## 6-3　商品口碑的基礎建立

　　如同前文所提，現在的消費者在對某個商品產生購買興趣前，都先透過網路的蒐尋進行調查，所以一個商品的口碑非常重要，等於讓消費者對你的商品是否有信任感，也是消費者在購買前的流程最關鍵的一步，所以在消費者進行蒐尋以後的結果，品牌的口碑基礎大多都建立在以下幾個項目：

❶ 官方網站或粉絲團：如一個品牌沒有官方網站或粉絲團，是很難給消費者有信任的感受，畢竟在多數消費者的認知上，沒有基礎的品牌是缺乏這兩項支援。

❷ 蒐尋結果後的試用文章：消費者在蒐尋後如看到很多素人或是名人的分享，相對的會覺得這個商品已經有許多人的介紹，能更了解商品，從心理的角度也會覺得已經有很多人都在用這個商品，這商品一定不錯，這樣的想法，所以找試用者不管是素人還是名人來分享，顯得更重要，在業配文模式廣為人知的情況下，素人與名人的推薦，同時都要進行，畢竟素人會被找去寫業配文推薦，商品好壞一定也會顯得更有真實性，而名人的推薦則代表著一個品牌的形象與信任。

### 一、增加時效生活感

　　議題的攻防與新聞操作，往往決定了商品行銷最後的成敗，故規劃可靈活運用議題操作專案，並藉由正夯的網路多元載具，將成效擴散至最大故事鋪陳，貼近日常生活，脫離傳統廣告給人的距離感。藉由不同的分享者去形塑活生生的日常生活經驗為故事的脈絡，並從中注入產品或品牌形象，以不刻意的手法增加可信度。

### 二、產生共鳴身歷其境

　　將正向情緒帶入故事，讓網友不自覺的跟著分享者的行文走，融入在一種好的、舒服的情境中，進而與分享者的正向感受達到共鳴。

## 第 7 章
# 最夯的微影片製作．如何在5分鐘內學會短片製作

7-1　剪輯影片的前置作業

7-2　剪輯影片與經營的七大重點

7-3　影片三大特質亮點

總看到一些平台只會發好評圖或是見證圖之類的在朋友圈、或者是個人自媒體上，大家看得愈來愈厭倦，一點都沒有新奇創意感，關注者也會漸漸沒興趣繼續追蹤你的新訊息。

所以，如果你懂得如何去做一個變化或創意，學習製作簡單又有趣的影片來重新吸引群眾的目光，就顯得異常重要。

強烈建議去發想有趣、充滿正能量的創意影片、不要每天只發效果圖、好評圖，用對方法，就可以吸引很多人的關注與欣賞，繼而增加更多粉絲。

做網路營商要有一個思維，不做為賣而賣的事，要賣個人品牌，賣專業，賣服務，甚至是賣正能量。

那到底要怎樣做到不讓人厭煩的網賣家呢？就從學習「製作短片」開始吧！

影片行銷是現在最夯的表現方式，千萬不能錯過，要認真學，多操作幾次即可熟能生巧，做出吸引動人的好素材。

## 7-1　剪輯影片的前置作業

首先，先介紹在5分鐘內學會剪輯一個好看又吸引人的影片工具APP（如照片檔）剪影、小影、抖音、剪映。

### 圖7-1　作者截圖引用製作影片APP⑴

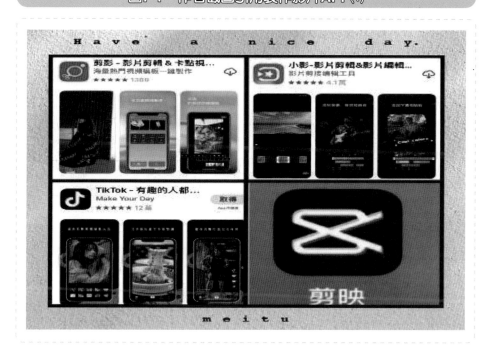

建議大家都要有屬於自己的自拍腳架、Mini Size能站能握，是最推薦的，而且有補光燈的器材（便宜又好用的首推淘寶，貨物齊全，可選購）。影片排版，並沒有一定規定，全部取決於你自己要怎樣去排版整個影片。

### 一、開頭跟結尾的話術腳本，要預先擬好

選擇適合的音頻類型，整個影片看起來就會有那種視覺加上聽覺的享受，所以音樂的選擇非常重要。

還有，附上文字可以更加吸引人們停駐觀看下去的動機，好比我們去看電影或任何影片，沒有字幕，你會發現根本看不下去，因為有字幕也會加速人們進入影片世界裡，繼而加深印象後而採取購買動作。

## 二、關注者／粉絲們喜歡看有內容的影片，喜歡看充滿正能量、資訊的內容

　　記得最重要的是，影片裡的你，一定要是那一位「主角」，要有把自己當成影帝或影后的態勢端出來，氣場強大，影片就成功一半了，只有敢表現，粉絲才會出現，不要把影片拍成古板的產品宣傳帶，這是要提醒讀者特別去注意的，直播或短影片或微電影，都應該要有它的內容，可以用隱喻型故事的方式來做呈現，若想不出題裁，那就去「模仿」，找出10部當紅影片來研究它們的動作與內容，就有流量出現的可能，才能衝高點閱率，牢牢抓住粉絲的黏著度跟忠誠度。

　　很多人會說，我不知道要拍什麼，我沒有內容想法，其實只要：
　　如果你會唱歌，唱15秒也可以。
　　如果你會下廚，下廚15秒也可以。
　　如果你會演說，演說15秒也可以。
　　如果你會運動，運動15秒也可以。

　　如果你會跳廣場舞或亂舞，或吃泡麵、或養寵物，只要能跟你的產品做連結，什麼題裁都可發揮並吸引人關注。

1　事先發想創意，規劃好你的影片排版

2　選擇適合每一次創意的音頻類型

3　附上字幕可更加吸引觀看

4　務必調整好字體顏色

5　放上合適的特效吸睛，特效容易讓人有Wow，Amazing，很不錯的這種感覺，也可以看起來好像很厲害的表現方式

6　請連續三個月，每天都要有新作品出現上傳，因為粉絲是需要不斷刺激的

7　試著找到已經在做影片的網紅，且粉絲數破10來萬的人合作，將他的流量帶給你，以增加自家頻道的曝光量，提升點擊率

以上這些建議與操作及素材，皆可在網路上找到教學資訊或YouTube影片，照著做，短影片會是一個很好的點綴，也是未來營銷新趨勢，可提升你粉絲專頁或官網上的影片質感。

第七章　最夯的微影片製作‧如何5分鐘內學會短視頻

圖7-2　作者截圖引用製作影片APP⑵

教學影片引用，感謝【芝穎老師講師種子培訓】吳芳如老師提供，2020年6月11日，
https://reurl.cc/e8gydx

## 好用的修圖APP

| 9分圖 | 美圖秀秀 | retouch | camera 360 | quickshot | photo grid |

| pics art | 黃油相機 | Line camera | canva |

還有好用的其他修圖APP參考，可下載來玩玩看！

在自己手機APP系統搜尋名稱，即可下載囉！

感謝【芝穎老師講師種子培訓】孫菲蔓老師提供。

最後想分享，對於網購營商者，為什麼製作影片是一件那麼重要的事，因為它具有三大特質：

## 一、影片存在是永久性（除非你刪除它）

你不用擔心辛苦策劃製作的影片有一天會突然離你而去消失不見，一旦影片製作上傳完成，它將永遠存在，持續不斷地曝光、持續不斷吸引著下一個觀眾成為潛在顧客。

## 二、影片有時間的優勢

隨著時間的疊加，影片的點擊、觀看度會逐步增加，也會相應獲得更多的支持和信賴。

## 三、最多效也是最有效的營銷工具

如果你想要製作一個精良而可持續性強的內容，影片就是你要的答案。

### 跟著芝穎老師玩行銷

參考案例：

【跟著芝穎老師玩行銷】https://reurl.cc/j5rjLm

Date _____ / _____ / _____

# 第 8 章
## 直播操作・基礎入門路徑

8-1　直播前準備：第一階段

8-2　直播前廣宣：第二階段

8-3　直播中要有創意：第三階段

8-4　直播後回放：第四階段

## 8-1　直播前準備：第一階段

　　每次直播都必須訂出一個商品吸引人的主題，但這主題不是隨便想想，而是經過廣泛的資料蒐集。事先蒐集要直播銷售的產品評價與產品特性，將社群真實反映的資訊大量蒐集起來，再針對內容要點進行演練。

　　運用YouTube、電商平台、Twitch、17、LINE來展現自己，想開好一場直播節目，要先了解直播平台的特性與對應族群，好的直播需要故事腳本、想要達到的目的，以及最重要也卻最困難的粉絲經營。不同的直播平台有不同的內容強項。如電競遊戲、生活趣事、商品導購等，網路的觀眾會到相對應的平台上收看，而直播主想找到「對的觀眾」，要先了解個人特質與品牌定位，並找到適合的直播平台，這是獲取粉絲前，第一個要做的功課。而好的直播要思考以下幾個重點：

1. 內容才是王道，直播內容要有創意
2. 內容讓人看了想分享
3. 更新的頻率要固定，影音製作技巧不是最重要
4. 想辦法留下粉絲
5. 堅強的心理素質，不要玻璃心

### 一、第一步曲：直播前準備

**如何企劃直播內容：從解決問題開始**

**（一）思考「問題」**

　　可以思考從「解決觀眾問題」下手，你想為觀眾解決什麼問題？而這個解決問題的內容，會讓更多的人想分享出出去，假設你是一個空間設計師，你要去思考你的目標對象要裝修房子會考慮的問題。

　　舉例：觀眾現在房子要裝潢，他會需要找一個設計師，而觀眾會考量什麼呢？

1. 設計師是否專業？
2. 設計師專長領域？是擅長小空間收納設計，還是個性化風格營造？
3. 是否有相關成功作品集？

## （二）問題解決方案

　　所以以上的問題就可以成為我們企劃直播節目的主題，為你的觀眾解決問題，所以我們就可以針對第1題「設計師是否專業」作為直播主題，接下來，企劃內容就要要以解決問題為出發點，如果你的專業如下：

　❶　我可提供設計圖在施工前，無限次修改。

　❷　我的以前客戶的口碑及見證。

　❸　我的過往設計作品。

　　以上是可以提供給觀眾的方案，接下來就要規劃直播的主題，我可以「如何找到好的設計師？」或是「10大要素，幫你找到好的空間設計師」，接下來就能圍繞以上這些「問題」給出「問題解決方案」作為直播的內容，你去可以展示你的作品，或是怎麼去設計這些案子，你的成功案例分享等，在過程中，怎麼跟顧客溝通？這些都是不錯的內容，當你可以在市場找到一些問題，你就可以提供很多內容給你的觀眾。

## （三）直播主題延伸：九宮格思考法

　　參考下頁圖示，首先將你的行業放在中間(1)，假如你是設計師，你中間就放設計師，以設計師為主軸，你會想到什麼呢？你可以依序將想法放置2～9格中，也可以從人、事、時、地、物方面思考。

| 人 | 指的是你的目標客戶。一定要清楚你想要行銷的對象是誰，這樣你在企劃直播內容時，才能夠知道你要對話的人是誰，如：頂客族、小家庭、三代同堂、大家族等。 |

| 事 | 「事」就是事情。你可以思考你的專長是哪些？如：你的設計風格、設計理念都是不錯的方向。 |

| 時 | 顧名思義，「時」代表的就是時間。如提供設計圖的時間、施工時間、保固期間等。 |

| 地 | 你可以思考你是擅長在小空間設計，還是高檔豪宅設計，或是適合海邊住宅設計或山林住宅設計。 |

| 物 | 舉凡跟物品有關的，你都可以放進來，如：施工建材（水泥用料、防火木材、無甲醛），家具擺飾物品（水晶燈品類、沙發材質），其他7～9項，你可以自由聯想，發揮創意。 |

| 2.人 | 3.事 | 4.時 |
|---|---|---|
| 5.地 | 1.<br><br>設計師 | 6.物 |
| 7. | 8. | 9. |

當一檔直播銷售前，在官方臉書連續進行幾波宣傳動作，先以圖片文字預告，循序放送不同宣傳內容，以增加網友印象，對收看節目產生期待。當直播開播前約半小時，則會開始在官方臉書直播暖場，預告節目精彩內容。

首先想想好萊塢的電影，通常預告是什麼時候？通常不會在上映前7天才預告吧，一般是半年或一年前預告，一場好的直播一定要花50%功力在事前的宣傳。

「直播標題」很重要！很重要！很重要！

你可以用下列方式宣傳：

❶ 在直播頻道事先發布預告影片或投放廣告

❷ 寄送EDM通知

❸ 在直播主題相關的部落格發布文章

❹ 提醒通知：讓觀眾訂閱你的頻道直播

直播預告範例，如以上兩例圖示。

網路直播銷售最大的特色，便是讓觀眾能夠隨時透過聊天室，與主持在線聊天互動，但直播時，絕非全靠主持人閒聊功力撐完整個節目，而是在事前設定出詳細的流程表，預先列出各種在銷售流程可能的遭遇與提問的問題，並安排一位小助手盯緊聊天室動態，當網友拋出問題時，就隨時傳遞給主持人，讓他即刻向來賓解答商品問題。

### 直播中要有創意：第三階段

直播內容該說些什麼好呢？如果你是營養師，要如何告訴觀眾均衡飲食，這種制式內容，觀眾根本不想聽，你要講觀眾想聽的內容，你在Google打上關鍵字「營養師」，你會發現大家關注的是以下訊息：

▶ 影片

1秒惹怒營養師！？10萬訂閱Q&A來啦！！
YouTube · 好味營養師品瑄
2020年7月26日

體脂狂降20%、體重-13公斤！營養師Ricky減醣飲食+輕斷食 ...
YouTube · 常常好食Good Food
2020年8月12日

【營養師出去吃EP30】泡麵原來可以吃！？ 要怎麼吃才不水腫？
YouTube · 好味營養師品瑄
15 小時前

【營養師出去吃EP20】比肥宅快樂水還甜！？超商飲品挑選 ...
YouTube · 好味營養師品瑄
2020年7月12日

 全部顯示

看到了嗎？你的話題一定要提供觀眾真正想要的主題，每個人都希望不花任何的時間跟金錢，可以達到最大的結果，抓到觀眾的內心，就非常的重要。

## 1. 緊扣直播標題

首先你要想好你的標題，因為標題就是你直播的方向，當你有了標題，無論直播內容怎麼說，我們都可以圍繞標題談論；如果沒有標題，你的直播就雜亂無章，觀眾不知道你要表達的重點。

## 2. 過程中要互動

直播過程中，不要自言自語，要隨時與粉絲互動，如：你們覺得如何？你們有什麼看法？如果有意見，可以留言，以問句形式跟粉絲互動。

## 3. 送禮物或整理過的懶人包檔案

接下來，你可以規劃送給觀眾小禮物，鼓勵大家願意分享，然後送的東西不要有額外的但書或費用，比如連禮物的運費都直接包含，展現直播主的用心，收服粉絲。

## 4. 時間長度不能太短，最好要 30 分鐘以上

通常直播中遇到的問題，如果沒有事先規劃腳本，常常會發生直播內容順序混亂、漏東漏西，讓觀眾體驗到你的準備不足。教你三招簡單方式，讓你輕鬆安排直播內容：

## 1. WHAT 介紹主題

一開始就要破題，跟觀眾介紹今天的主題內容，讓觀眾清楚今天直播的內容。

## 2. WHY 解釋問題

接下來，可以談論為何這個主題的重要性及趨勢方向。

## 3. HOW 解決問題

你是如何解決這些問題？你的方法是什麼？是否有成功的結果。

　　為服務當天無法看直播的觀眾，在節目結束後，將內容放在官網頻道上供其觀看，但並非把一整集完整放上去，而是剪輯成5到10分鐘的精華影片，摘要式的重點內容，以吸引更多潛在消費群。

天啊！沒跟到這次直播

想再看一次講什麼！！
直播會保留嗎？

上次直播的優惠還在嗎？

　　當你的直播已經結束了，你必須將直播過的影片再利用。你可以把影片發布在你的FB或IG社群媒體、個人網站、部落格、或是再次發布在直播頻道上。雖然不是及時直播，但是讓錯過這個直播的粉絲們，可以在其他的時間來觀看。但如果你想要創造一個錯過就沒有重播的遺憾感，而讓觀眾準時觀看，那麼你可以將影片設為不能重播，你就必須將宣傳重心放在直播前的廣告宣傳。

# 第 9 章
## 網電法律大哉問・一次搞懂

9-1　商品選購

9-2　行銷方式

9-3　交易糾紛

9-4　重要觀念提醒：妨害名譽

打算從事網路拍賣或電商交易（以下簡稱網電）的帥哥美女們，一開始往往都會把重心放置在商品企劃、經營、平台挑選、社群行銷等相關事項，往往忽略了「現行法律」是如何規範的。而「現行法律」，就好比是網電叢林世界的遊戲規則，不了解規則，你絕對沒有辦法在這個遊戲中勝出。就好比一個擅長三分線的神射手，縱使技術再神準、再百發百中，一旦不懂籃球規則，上場幾秒就會被裁判吹哨下場。因此，在網電世界中，懂法律就好像戴上了一個「防疫口罩」，可以減少風險的產生。

　　一般從事網電的賣家，剛開始都是先決定要賣什麼商品（例如：現在流行韓風，或許代購韓國商品會是一個好的選擇），決定好之後，就要看放在什麼平台拍賣（例如「蝦皮購物」、「Yahoo!奇摩購物中心」、「露天拍賣」、「PChome 線上購物」等）或是透過自己的社群媒體（例如「部落格」、「Facebook臉書粉絲專頁」、「Instagram」、「LINE@」等）來經營，這就牽涉到要用什麼方式來行銷？而行銷手法不外乎透過文章、圖片、影音、建立粉絲團來強化買家對商品的興趣及認同，進而下單購買。當然，在購買過程中，賣家也會不斷的與買家溝通，確認交易的方式，最後完成交易，進而互給評價。

**圖9-1　我國民眾常用的拍賣平台**

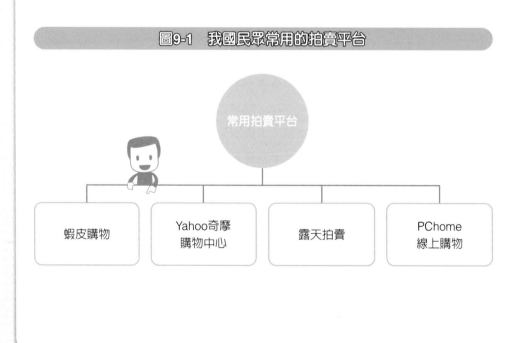

常用拍賣平台

蝦皮購物　｜　Yahoo奇摩購物中心　｜　露天拍賣　｜　PChome線上購物

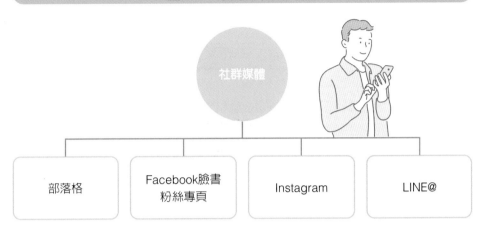

圖9-2 常用的社群媒體

社群媒體

部落格 | Facebook臉書粉絲專頁 | Instagram | LINE@

　　上面的流程，從法律的觀點，大致可分為三個階段：第一、商品選購，第二、行銷方式，第三、客服溝通。而這三階段，其實都會發生法律上的問題，譬如：真品平行輸入的商品可以賣嗎？直接轉貼其他賣家的文章可以嗎？買家選擇貨到付款卻拒不領貨，法律上有保障嗎？……等，以下就整理出最常發生的問題，提供給各位讀者參考。

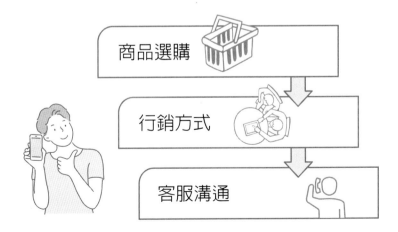

圖9-3 網電交易流程

商品選購

行銷方式

客服溝通

## 9-1　商品選購

### 一、真品平行輸入的商品，可以賣嗎？

所謂「真品平行輸入」（The Parallel Importation of Genuine Goods），是指同一商標之真品，在未經輸入國商標權所有人同意下，逕行自國外輸入之行為。一般我們通稱為「水貨」，在美國則稱為「灰貨」（Gray-Market Goods）。舉例來說，網路上常常看到販售COACH包，賣家是經由國外Outlet採購，而不是經由代理商自國外輸入，這時，我們就可以稱之為「水貨」。

簡單的說，真品平行輸入的商品是可以合法販售的，但由於不是透過代理商，買家當然無法享有完整的售後服務，需注意的是，千萬不要使用代理商或經銷商所製作之圖片、文字，包括代言人或行銷活動的素材，否則會有侵權問題，最好的辦法，還是自己來寫文案及拍圖片。

### 二、仿冒品、高級訂製、原單正品、工廠外流貨，可以賣嗎？

現在市場上，很多仿冒品（俗稱假貨）都冠上高級訂製、原單正品、工廠外流貨來訛騙買家，其實這些都是仿冒品，而仿冒品當然不可以賣，一旦販售被抓到（目前侵害智慧財產權的調查，大都由內政部警政署保安警察第二總隊執行），即屬違反《商標法》第95條規定，處三年以下有期徒刑、拘役或科或併科新台幣二十萬元以下罰金，甚至還有民事損害賠償責任，不可謂之不重。但如果只是買仿冒品，現行法沒有處罰的規定。

### 三、賣二手商品時，如何描述品質以避免糾紛？

二手商品，顧名思義就是已經使用過或是雖未使用，但是非第一手取得。在網電實務上，二手商品交易常常發生紛爭，原因即在對商品品質描述的方式不夠精確，雙方都認知這是二手商品，但對買家而言，他希望以較低價格取得狀況良好的商品；反之，對賣家而言，他希望高價出售，不要損失太多，也希望買家不要吹毛求疵。所以，當商品文字描述與實體不符時，極易引起爭議，因此，最好的方式就是將商品多角度拍照，甚至錄影，並將肉眼可見的瑕疵具體指出，這樣就比較不會有爭議了。

## 四、可以賣藥品及醫療器材嗎？

很多賣家有代買代購的服務，台灣的民眾最愛買的就是外國藥物，例如：合利他命、龍角散、日本曼秀雷敦軟膏、泰國五塔散等，這些均屬「藥物」管理範疇，僅可供自用，不得於網路刊登販售。

如果賣家想要在網路販售藥物，除了要有實體通路營業處所外，還須向當地衛生局申請藥商許可執照及登記通訊交易事項，而藥商也僅能販賣乙類成藥與第一等級及部分第二等級醫療器材。如果被檢舉查獲違規屬實者，將依《藥事法》規定，處以三萬元以上，二百萬元以下罰鍰。

### 實際案例示意

- 【裁判字號】○○○，簡上，○○○
- 【裁判日期】民國 ○○○ 年○○ 月○○ 日
- 【裁判案由】違反藥事法
- 【裁判內文】

台灣○○地方法院刑事判決　　　　　　　　○○○年度○○字第○○○號
上　訴　人
即　被　告　○○○

選任辯護人　○○○律師
　　　　　　○○○律師

上列上訴人即被告因違反藥事法案件，不服本院○○簡易庭民國○○○年○月○日○○○年度○字第○○○號第一審簡易判決（聲請簡易判決處刑書案號：○○○年度○字第○○○號），提起上訴，本院管轄之第二審合議庭判決如下：
　　主　文
原判決撤銷。
○○○過失犯販賣禁藥罪，處有期徒刑參月，如易科罰金，以新台幣壹仟元折算壹日。未扣案之犯罪所得新台幣參萬肆仟壹佰元沒收，於全部或一部不能沒收或不宜執行沒收時，追徵其價額。
　　事　實
一、○○○以經營網路拍賣為業，本應注意其所持有之「○○○○○○」含有「○○○」之西藥成分，且「○○○」成分業經行政院衛生署（後改制為行政院衛生福利部）公告為禁藥，不得擅自販賣，依其智識及經驗，並無不能注意之情形，竟疏未注意，於民國○○○年○月至○○○年○月間，在○○○○網站申設帳號「○○○○○○○」，販賣含有「○○○」禁藥成分之「○○○○○○」，並完成31筆交易，交易金額共計新台幣（下同）3萬4,100元。嗣經民眾檢舉而查悉上情。
二、案經法務部調查局○○市調查處移送台灣○○地方檢察署檢察官偵查後聲請簡易判決處刑。

# 9-2 行銷方式

## 一、直接複製其他賣家的文章、圖片，可以嗎？

　　有些賣家為了介紹商品，常去抓其他賣家的原創文章、照片或是商品原廠官網的文章或照片，這樣極可能侵犯到他人的著作權，如果覺得他人的文章或照片不錯，可以先找有無授權條款，或者是直接寫信取得權利人之同意比較安全，不然就是自己撰寫文章、拍攝商品照片，就可以避免爭議。

## 二、直接下載他人的音樂，可以嗎？

　　如果是透過分享功能，或是直接將該音樂檔案「連結」，應該屬於合理使用的範圍。倘若是直接下載上傳，可能會涉及重製及公開傳輸他人著作的行為，如果沒有取得著作權人的同意，即可能被判定屬於重製及公開傳輸權的侵害。

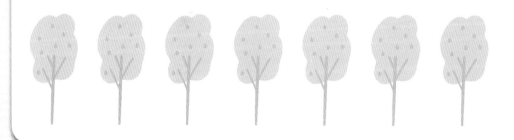

## 一、賣家標錯價格，買家已經下單，賣家可以不認帳嗎？

以前在網路上常常發生賣家標錯價格（例如：蘋果筆電定價新台幣5萬5千元，賣家標示成1萬5千元），在買家下單後，賣家發現標示錯誤，取消契約的情況。這個問題在105年經濟部修正「零售業等網路交易定型化契約應記載及不得記載事項」後，就有了定論，一旦買家下單，契約就成立了，賣家必須依照契約來履行，如果賣家違反，就得按《消費者保護法》第56-1條規定，限期改善或處以罰鍰。

## 二、買家選擇貨到付款卻拒不領貨，是否有法律責任？

賣家應該常常碰到這種狀況，買家選擇貨到付款，經再三通知，拒不領貨，賣家因而耗費許多時間、人力，還有支出運費，造成損失。像這種狀況，故意不取貨的買家可能會觸犯《刑法》第355條「間接毀損罪」，可處三年以下有期徒刑、拘役或五百元以下罰金，或構成《民法》第184條第1項之侵權行為損害賠償。

## 三、網路購物的買家，都能享有7天猶豫期嗎？

《消費者保護法》第19條第1項明定：「通訊交易或訪問交易之消費者，得於收受商品或接受服務後7日內，以退回商品或書面通知方式解除契約，無須說明理由及負擔任何費用或對價。但通訊交易有合理例外情事者，不在此限。」，這就是所謂「7天鑑賞期」。但這個規定適用在「企業經營者」與「消費者」間，如果是單純個人與個人間之交易行為，並不適用消費者保護法。

因此，賣家若不是企業經營者（《消費者保護法》第2條第2款規定，所謂企業經營者，指以設計、生產、製造、輸入、經銷商品或提供服務為營業者），而是把個人二手物品偶爾放到網路上拍賣（並非經常性買賣）等，買家就不得主張7天鑑賞期。

但買家仍可按照《民法》第354、359條規定，向賣家主張解除買賣契約或者請求減少價金。

## 四、宅配公司弄丟商品，誰該負起責任？

在大多數情況，買家只有跟賣家發生契約關係，跟宅配公司沒有關係，因此，應由賣家賠償損失給買家，賣家再向宅配公司要求補償。

# 9-4　重要觀念提醒：妨害名譽

　　現在的網民，在鍵盤前的每一位都是無名英雄，遇到不開心、不滿意，立刻會挺腰、意氣風發的敲出震懾文字，熱情「問候」對方和他的家人。因此，這幾年因為網路紛爭提告的案件逐年增加，筆者也常常受當事人委任處理這類的官司，記得有一次在某地檢署當庭聽到檢察官訴苦：每個月要花很多精力在處理這類官司，大大排擠了其他重要案件的司法效率！

　　姑且不論這類案件的訴求是否有其正當性，但這種案情證據的蒐集卻異常簡單，因為在實體世界裡，你要罵人、誹謗人，你還得找出人證、物證，否則很難成立；反觀網路世界，你敲下的每一個字、PO的每一個圖，對方都能在一秒鐘截圖下來存證，還附上詳細的時間，你根本毫無遁形之處。因此，在網路上留言、貼圖，一定要十分慎重。以下釐清幾個重要的觀念：

## 一、妨害名譽、公然侮辱、誹謗罪之間的關係

　　常常有民眾法律諮詢筆者：「對方在網路上罵我，他到底是犯妨害名譽、公然侮辱，還是誹謗罪？」。正確來說，妨害名譽是《刑法》裡面的「罪章」，而公然侮辱、誹謗才是「罪名」。例如：《刑法》第22章是殺人罪章，裡面規範6個法條，包括第271條普通殺人罪、第272條殺直系血親尊親屬罪等等；而第27章是妨害名譽及信用罪章，裡面規範6個法條，包括第309條公然侮辱罪、第310條誹謗罪等等。所以你說對方是否犯了妨害名譽、公然侮辱或是誹謗罪，只是一種簡化的說法，精確的來說，應該是對方是否犯了公然侮辱或是誹謗罪，較為正確。

## 二、什麼是公然侮辱罪、誹謗罪？

　　1. 公然侮辱罪，規定於《刑法》第309條，處拘役或三百元以下罰金。主要有三個要件：第一，要有「侮辱」他人的行為。所謂「侮辱」是指以使人難堪為目的，而以言語、文字、動作或圖畫，抽象或籠統地辱罵，因而對個人在社會上所保有的人格和地位，達到得以貶低或損害其評價的程度。例如：罵人三字經、

129

腦殘、垃圾等；第二，需「公然」為之。所謂「公然」是指可以讓不特定人或多數人得以共見共聞的狀態，但是並不局限於公眾場所或公眾得出入之場所，也包含住宅在內；而所謂「讓特定人或多數人得以共見共聞的狀態」，也不一定要這些人實際上都已經見聞到，只要事實上可以達到共見共聞這樣的狀況即可；第三，罵的對象必須是「人」。所謂「人」，包括自然人與法人。

2. 誹謗罪，規定於《刑法》第310條，處二年以下有期徒刑、拘役或一千元以下罰金。（這裡指加重誹謗罪，因為網路上的大都是用文字或圖畫表示）有四個要件：第一，需指摘或傳述「具體的事實」，例如：說阿朱私生活混亂，於某年某月某日在某地點與朋友舉辦「多人運動」；第二，需指摘或傳述的行為，「足以毀損他人名譽」，也就是事實內容足以貶低他人社會地位或人格。第三，以散布「文字」或「圖畫」方式為之；第四，要有「誹謗故意」及（所謂誹謗故意是指，知道並且想要讓他人在社會上的人格評價降低）「散布的意圖」（也就是誹謗他人時，有傳播給別人知道的目的）。

## 三、誹謗罪的不罰條款

法律規定在某些情況下，誹謗罪例外不受處罰。例如：能夠證明真實而且與公共利益有關、因自衛、自辯或保護合法之利益、公務員因職務而報告、對於可受公評之事，而為適當之評論、對於中央及地方之會議或法院或公眾集會之記事，而為適當之載述等。

# 五南圖解財經商管系列

書號：1G92
定價：380元

書號：1G89
定價：350元

書號：1MCT
定價：350元

書號：1G91
定價：320元

書號：1F0F
定價：280元

書號：1FRK
定價：360元

書號：1FRH
定價：360元

書號：1FW5
定價：300元

書號：1FS3
定價：350元

書號：1FTH
定價：380元

書號：1FW7
定價：380元

書號：1FSC
定價：350元

書號：1FW6
定價：380元

書號：1FRM
定價：320元

書號：1FRP
定價：350元

書號：1FRN
定價：380元

書號：1FRQ
定價：380元

書號：1FS5
定價：270元

書號：1FTG
定價：380元

書號：1MD2
定價：350元

書號：1FS9
定價：320元

書號：1FRG
定價：350元

書號：1FRZ
定價：320元

書號：1FSB
定價：360元

書號：1FRY
定價：350元

書號：1FW1
定價：380元

書號：1FSA
定價：350元

書號：1FTR
定價：350元

書號：1N61
定價：350元

五南文化事業機構
WU-NAN CULTURE ENTERPRISE

f 🔍 五南財經異想世界 ✕

國家圖書館出版品預行編目（CIP）資料

圖解0基礎,不出門就能賺錢的網路行銷術/謝
芝穎等著. -- 初版. -- 臺北市：書泉出版
社, 2021.01
　面；　公分
ISBN 978-986-451-204-1(平裝)

1.網路行銷 2.行銷策略 3.電子商務

496　　　　　　　　　109018091

3M88

# 圖解0基礎，不出門就能賺錢的網路行銷術

| | |
|---|---|
| 作　　　者－ | 謝芝穎、蔡建郎、葛彥麟、許維淵 |
| 發 行 人－ | 楊榮川 |
| 總 經 理－ | 楊士清 |
| 總 編 輯－ | 楊秀麗 |
| 主　　　編－ | 侯家嵐 |
| 責 任 編 輯－ | 鄭乃甄 |
| 文 字 校 對－ | 許宸瑞 |
| 封 面 設 計－ | 姚孝慈 |
| 出 版 者－ | 書泉出版社 |
| 地　　　址： | 106臺北市和平東路二段339號4樓 |
| 電　　　話： | (02) 2705-5066 |
| 傳　　　真： | (02) 2706-6100 |
| 網　　　址： | https://www.wunan.com.tw |
| 電 子 郵 件： | shuchuan@shuchuan.com.tw |
| 劃 撥 帳 號： | 01303853 |
| 戶　　　名： | 書泉出版社 |
| 總 經 銷： | 貿騰發賣股份有限公司 |
| 地　　　址： | 23586新北市中和區中正路880號14樓 |
| 電　　　話： | 886-2-82275988 |
| 傳　　　真： | 886-2-82275989 |
| 網　　　址： | www.namode.com |
| 法 律 顧 問 | 林勝安律師事務所　林勝安律師 |
| 出 版 日 期 | 2021年1月初版一刷 |
| 定　　　價 | 新臺幣220元 |

# 經典永恆·名著常在

## 五十週年的獻禮——經典名著文庫

五南，五十年了，半個世紀，人生旅程的一大半，走過來了。

思索著，邁向百年的未來歷程，能為知識界、文化學術界作些什麼？

在速食文化的生態下，有什麼值得讓人雋永品味的？

歷代經典·當今名著，經過時間的洗禮，千錘百鍊，流傳至今，光芒耀人；

不僅使我們能領悟前人的智慧，同時也增深加廣我們思考的深度與視野。

我們決心投入巨資，有計畫的系統梳選，成立「經典名著文庫」，

希望收入古今中外思想性的、充滿睿智與獨見的經典、名著。

這是一項理想性的、永續性的巨大出版工程。

不在意讀者的眾寡，只考慮它的學術價值，力求完整展現先哲思想的軌跡；

為知識界開啟一片智慧之窗，營造一座百花綻放的世界文明公園，

任君遨遊、取菁吸蜜、嘉惠學子！